普通高等教育“十二五”规划教材

概率论与数理统计

韩世迁　主编

化学工业出版社

·北京·

本书内容包括：随机事件及其概率，条件概率与事件的独立性，一维随机变量及其分布，二维随机变量及其分布，随机变量的数字特征，大数定律与中心极限定理，数理统计的基本概念，点估计，区间估计和假设检验。

本书在结合作者多年教学经验的基础上，对现有教材内容结构做了改革，注重提高数理统计部分内容在教材中比例。

本书可作为高等院校非数学类理工科专业学生的教材，也可供相关专业感兴趣的读者参考阅读。

图书在版编目（CIP）数据

概率论与数理统计/韩世迁主编. —北京：化学工业出版社，2010.12（2024.1 重印）

普通高等教育“十二五”规划教材

ISBN 978-7-122-09631-9

Ⅰ. 概… Ⅱ. 韩… Ⅲ. ①概率论-高等学校-教材 ②数理统计-高等学校-教材 Ⅳ. O21

中国版本图书馆 CIP 数据核字（2010）第 197001 号

责任编辑：满悦芝　　文字编辑：韩亚南

责任校对：顾淑云　　装帧设计：杨　北

出版发行：化学工业出版社

（北京市东城区青年湖南街 13 号　邮政编码 100011）

印　　装：涿州市般润文化传播有限公司

850mm×1168mm　1/32　印张 4¼　字数 106 千字

2024 年 1 月北京第 1 版第 9 次印刷

购书咨询：010-64518888

售后服务：010-64518899

网　　址：http://www.cip.com.cn

凡购买本书，如有缺损质量问题，本社销售中心负责调换。

定　　价：15.00 元

编写人员

主　编： 韩世迁

副主编： 李明辉　白春艳

编　委： 吴茂全　裴晓雯　李　扬　刘　丹

姜　鹏　李慧林　谢彦红　王庆丰

张　翼　常桂松

前 言

概率论与数理统计主要是研究随机现象统计规律性的一门学科，是普通高等学校学生一门重要的基础课程。本书是按照工科类本科数学基础课程教学基本要求和全国硕士研究生入学统一考试数学考试大纲编写的，可以作为普通高等学校非数学类专业学生学习概率论与数理统计课程的教材。

现有的概率论与数理统计教材在内容安排上概率论部分大概占2/3，数理统计部分占1/3。本书的特点是努力简化概率论部分内容，以期强化数理统计部分内容，基本上实现了概率与统计各占一半的篇幅，在使学生多学习数理统计部分的内容方面做了一定的尝试。

在多年教学实践的基础上，各参编院校教师进行了广泛的讨论而编写了本书。参加编写的教师所在院校有：东北大学、沈阳工业大学、中国刑警学院等。全书共分10章，内容包括随机事件及其概率，条件概率与事件的独立性，一维随机变量及其分布，二维随机变量及其分布，随机变量的数字特征，大数定律与中心极限定理，数理统计的基本概念，点估计，区间估计和假设检验。本书由韩世迁主编，参加编写的人员有吴茂全、裴晓雯、李扬、李明辉、白春艳、姜鹏、刘丹、李慧林、谢彦红、王庆丰、张翼、常桂松。东北大学的孙平副教授认真审阅了此书，提出了许多宝贵意见，在此表示感谢。

由于作者的水平和经验有限，书中难免有不足之处，希望读者不吝赐教。

编　者

2010 年 11 月

目 录

第一章 随机事件及其概率

自然现象和社会现象各种各样，有一类现象为**确定现象**，其特点是在一定的条件下必然发生，例如，在标准大气压下，水加热到100℃必然会沸腾；另一类现象为不确定现象，不能事先预知其结果，例如，向上抛一枚硬币，其落下后可能是正面朝上，也可能反面朝上，不能事先预知出现正面还是反面，这种现象称之为**随机现象**．概率论与数理学统计就是研究随机现象规律性的数学分支．

第一节 样本空间和随机事件

一、随机试验

为了研究随机现象，要对随机现象进行观察或试验，一般地，称具有以下三个特点的试验为**随机试验**（random trial）：

（1）试验可在相同条件下重复进行；

（2）试验的所有可能结果是事先已知的或是可以确定的；

（3）每次试验不能确定究竟将会产生什么结果.

随机试验的每个可能结果称为**样本点**（sample point），记为 ω，样本点的全体称为**样本空间**（sample space），记为 Ω．

【例 1】 （1）观察某电话交换台在一天内收到的呼叫次数，结果为 i 次（$i=0,1,2,3,\cdots$），其样本点有可数无穷多个，样本空间可简记为 $\Omega=\{0,1,2,3,\cdots\}$．

（2）在一批灯泡中任意抽取一个，测试其寿命，其样本点也有无穷多个（且不可数）：th，样本空间为 $\Omega=\{t \mid 0\leqslant t<+\infty\}$．

二、随机事件

对于任意一个随机试验 E，样本空间 Ω 的子集称为 E 的**随机**

事件（random event），简称事件，用大写英文字母 $A,B,\cdots$ 表示．由 Ω 中任何一个样本点构成的集合，作为 Ω 的子集称为**基本事件**．

样本空间 Ω 也是事件，它包含了所有可能的试验结果，因此不论在哪一次试验中它都发生，称之为**必然事件**，而不含任何样本点的空集（记为 Φ），也是样本空间的子集，它在任何一次试验中都不会发生，称为**不可能事件**．

第二节　事件关系和运算

在随机试验中，一般有很多随机事件，为了通过对简单事件的研究来掌握复杂事件，需要研究事件之间的关系和运算．由于事件也是集合，所以事件的关系与运算和集合类似．

一、事件的关系

1. 事件的包含

如果事件 A 发生必导致事件 B 发生，则称事件 B **包含**事件 A，记作 $A \subset B$．

如果 A，B 互相包含，即 $A \subset B$ 与 $B \subset A$ 同时成立，则称 A 与 B **相等**，记作 $A = B$．

2. 事件的并（或和）

如果事件 A 与事件 B 至少有一个发生；等价地，事件 A 或事件 B 发生，称为事件 A 与 B 的**并**（或和），记作 $A \cup B$ 或 $A + B$．

3. 事件的交

如果事件 A 与事件 B 同时发生，称为事件 A 与 B 的**交**（或积），记作 $A \cap B$ 或 AB．

4. 事件的互斥（或不相容）

如果事件 A 与事件 B 不能在同一试验中同时发生，则称事件 A 与事件 B **互不相容或互斥**（mutually exclusive）．

5. 对立事件（或补事件）

对任一事件 A，称 $B = \{A$ 不发生$\}$ 为 A 的**对立事件**（mutually inverse）或**补事件**，记作 $B = \overline{A}$，易知 $\overline{\overline{A}} = A$，因此当 B 为

A 的补事件时，A 也是 B 的补事件，有时也称 A 与 B 互补，且有 $A \cup B = \Omega$，$A \cap B = \Phi$；而互斥事件只有 $A \cap B = \Phi$，不一定有 $A \cup B = \Omega$.

可以将互斥事件推广到多个事件，称事件 $A_1, A_2, \cdots, A_n$ 是**两两互斥**的，如果对任意的 $1 \leqslant i < j \leqslant n$，$A_i$ 与 A_j 是互斥的.

6. 事件的差

运用事件的“补”关系及“交”运算，导出事件的差为

$$A - B \equiv A\overline{B} = \{A\text{ 发生}, B\text{ 不发生}\}$$

事件的和、积、差的文氏（Venn）图见图 1.1.

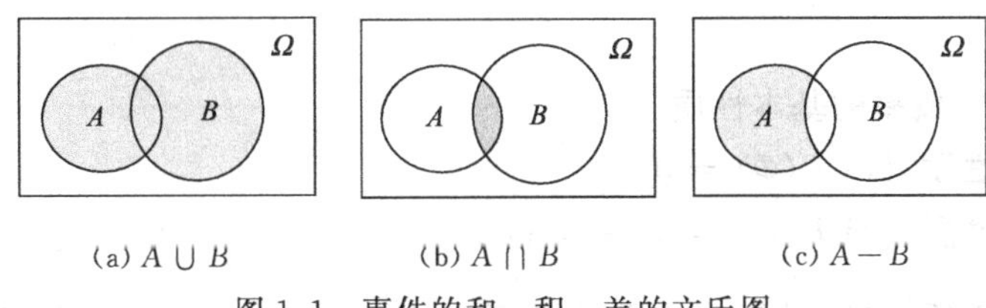

(a) $A \cup B$　　(b) $A \cap B$　　(c) $A - B$

图 1.1　事件的和、积、差的文氏图

二、事件的运算律

数的运算有运算规律，事件的运算也有相应的运算律.

(1) 交换律：$A \cup B = B \cup A$，$A \cap B = B \cap A$

(2) 结合律：$A \cup B \cup C = (A \cup B) \cup C = A \cup (B \cup C)$

$A \cap B \cap C = (A \cap B) \cap C = A \cap (B \cap C)$

(3) 分配律：$(A \cup B) \cap C = (A \cap C) \cup (B \cap C)$

$(A \cap B) \cup C = (A \cup C) \cap (B \cup C)$

(4) 对偶律：$\overline{A \cup B} = \overline{A} \cap \overline{B}$，$\overline{A \cap B} = \overline{A} \cup \overline{B}$

第三节　古典概型

两类比较简单的随机试验中，每个样本点的出现是等可能的情形. 其一是本节要介绍的古典概型；其二是下一节要介绍的几何

概型.

一、概率的公理化定义与性质

1. 概率的公理化定义

设随机试验的样本空间为Ω，若对每一事件A，有且只有一个实数$P(A)$与之对应，满足如下公理.

(1) 非负性：$0 \leqslant P(A) \leqslant 1$；

(2) 规范性：$P(\Omega) = 1$；

(3) 完全可加性：对任意一列两两互斥事件$A_1, A_2, \cdots$，有$P\left(\bigcup\limits_{n=1}^{\infty} A_n\right) = \sum\limits_{n=1}^{\infty} P(A_n)$，则称$P(A)$为事件$A$的**概率**（probability）.

2. 概率的基本性质

性质 (1) $P(\Phi) = 0$；

性质 (2) $P(\overline{A}) = 1 - P(A)$；

性质 (3) 对任意有限个互斥事件$A_1, A_2, \cdots, A_n$，有$P(\bigcup\limits_{k=1}^{n} A_k) = \sum\limits_{k=1}^{n} P(A_k)$；

性质 (4) $P(A \cup B) = P(A) + P(B) - P(AB)$；

性质 (5) 若$A \subset B$，则$P(B - A) = P(B) - P(A)$，且$P(A) \leqslant P(B)$.

【例 2】 已知$P(\overline{A}) = 0.5$，$P(\overline{A}B) = 0.2$，$P(B) = 0.4$，求(1) $P(AB)$；(2) $P(A - B)$；(3) $P(A \cup B)$；(4) $P(\overline{A}\,\overline{B})$.

解 (1) 因为$AB + \overline{A}B = B$，且AB与$\overline{A}B$互斥，故有

$$P(AB) + P(\overline{A}B) = P(B)$$

故
$$P(AB) = P(B) - P(\overline{A}B) = 0.4 - 0.2 = 0.2$$

(2) $P(A) = 1 - P(\overline{A}) = 1 - 0.5 = 0.5$

$$P(A - B) = P(A) - P(AB) = 0.5 - 0.2 = 0.3$$

(3) $P(A \cup B) = P(A) + P(B) - P(AB) = 0.5 + 0.4 - 0.2 = 0.7$

(4) $P(\overline{A}\,\overline{B}) = P(\overline{A \cup B}) = 1 - P(A \cup B) = 1 - 0.7 = 0.3$

二、古典概型

称具有下列两个特征的随机试验模型为**古典概型**：

(1) 随机试验只有有限个可能结果；

(2) 每个结果发生的可能性大小相同．

设事件 A 包含其样本空间 Ω 中 k 个基本事件，即 $A=A_{i_1}\cup A_{i_2}\cup\cdots\cup A_{i_k}$，则事件 A 发生的概率为

$$P(A)=\frac{k}{n}=\frac{A\text{包含的基本事件数}}{\Omega\text{中基本事件总数}}$$

【例3】 袋中有 5 个红球，3 个黄球，从中一次随机地摸出 2 个球，求摸出的 2 个球都是红球的概率．

解 Ω 含有 $n=C_8^2=28$ 个基本事件．设 $A=\{$所取的 2 个球全红$\}$，则 A 含有 $C_5^2=10$ 个基本事件，所以 $P(A)=\frac{10}{28}=\frac{5}{14}$．

【例4】 将 3 个球随机放在 4 个杯子中，问杯子中球的个数最多为 1，2，3 的概率各是多少？

解 设 A,B,C 分别表示杯子中的最多球数为 1，2，3 的事件，此处认为球是可以区分的，于是放球过程的所有可能结果数为 $n=4^3$．

(1) A 所含的基本事件数，即从 4 个杯子中任选 3 个杯子，每个杯子放入一个球，杯子的选法有 C_4^3 种，球的放法有 3! 种，故 $P(A)=\frac{3!C_4^3}{4^3}=\frac{3}{8}$．

(2) C 所含的基本事件数：由于杯子中的最多球数是 3，即 3 个球放在同一个杯子中的做法共有 4 种，故

$$P(C)=\frac{4}{4^3}=\frac{1}{16}$$

(3) 由于 3 个球放在 4 个杯子中的各种可能放法为事件 $A\cup B\cup C$，显然 $A\cup B\cup C=\Omega$，且 A,B,C 互不相容，故

$$P(B)=1-P(A)-P(C)=\frac{9}{16}$$

【例 5】 将15名新生（其中有3名优秀生）随机地分配到三个班级中，其中一班4名，二班5名，三班6名，求：(1) 每个班级各分配到一名优秀生的概率；(2) 3名优秀生被分配到同一个班级的概率．

解 15名新生分别分配给一班4名，二班5名，三班6名的分法有 $C_{15}^{4}C_{11}^{5}C_{6}^{6}=\dfrac{15!}{4!5!6!}$（种）．

(1) 先将3名优秀生分配给三个班级各一名，共有3！种分法，再将剩余的12名新生分配给一班3名，二班4名，三班5名，共有 $C_{12}^{3}C_{9}^{4}C_{5}^{5}=\dfrac{12!}{3!\ 4!\ 5!}$种分法．根据乘法法则，每个班级分别分配到一名优秀生的分法有 $3!\times\dfrac{12!}{3!4!5!}=\dfrac{12!}{4!5!}$种，所以其对应概率为

$$p=\frac{12!}{3!4!5!}\bigg/\frac{15!}{4!5!6!}=\frac{12!6!}{15!}=\frac{24}{91}=0.2637$$

(2) 用 A_i 表示事件"3名优秀生全部分配到 i 班"（$i=1,2,3$），A_1 中所含的基本事件个数 $m_1=C_{12}^{1}C_{11}^{5}=\dfrac{12!}{5!6!}$；$A_2$ 中所含的基本事件个数 $m_2=C_{12}^{4}C_{8}^{2}=\dfrac{12!}{2!4!6!}$；$A_3$ 中所含的基本事件个数 $m_3=C_{12}^{4}C_{8}^{5}=\dfrac{12!}{3!4!5!}$．由(1)的分析知 $n=\dfrac{15!}{4!5!6!}$，故

$$P(A_1)=\frac{m_1}{n}=\frac{4!12!}{15!}=0.00879$$

$$P(A_2)=\frac{m_2}{n}=\frac{12!5!}{2!15!}=0.02198$$

$$P(A_3)=\frac{m_3}{n}=\frac{12!6!}{3!15!}=0.04396$$

因 A_1,A_2,A_3 互不相容，所以3名优秀生被分配到同一个班的概率为

$$P(A)=P(A_1\cup A_2\cup A_3)=P(A_1)+P(A_2)+P(A_3)=0.07473$$

第四节　几何概型

古典概型是关于存在有限等可能结果的随机试验的概率模型．人们希望把这种做法推广到无限多个基本事件，而这些基本事件又有某种等可能的情形．

如果一个随机试验相当于从直线、平面或空间的某一区域 Ω 任取一点，而所取的点落在 Ω 中任意两个度量（长度、面积、体积）相等的子区域内的可能性是一样的，则称此试验模型为**几何概型**．对于任意有度量的子区域 $A\subset\Omega$，定义事件“任取一点落在区域 A 内”的概率为

$$P(A)=\frac{A\text{ 的度量}}{\Omega\text{ 的度量}}$$

这样的概率称为**几何概率**．

【例 6】 甲、乙两人约定在 $0\sim T$（单位：h）这段时间内在某处会面，先到者等候另一人 $t(t\leqslant T)$ 后即可离去．如果每个人可在指定的这段时间内的任一时刻到达并且彼此独立，求两人能会面的概率．

解　以 x 和 y 分别表示甲、乙两人到达约会地点的时刻，则两人能会面的充分必要条件是

$$|x-y|\leqslant t$$

在平面上建立直角坐标系，如图 1.2 所示，则 (x,y) 的所有可能结果是边长为 T 的正方形里的点，能会面的点的区域用阴影标

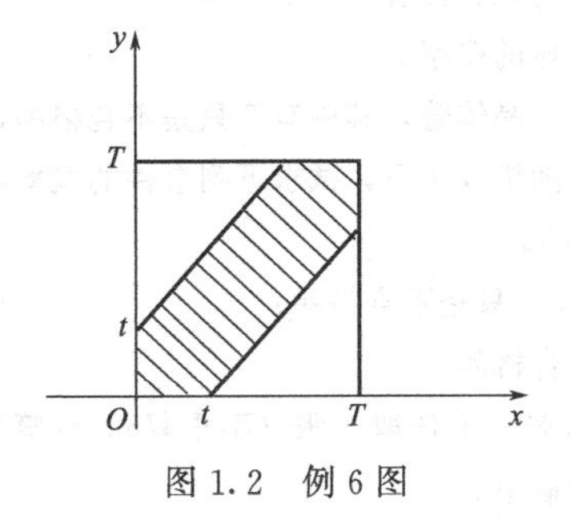

图 1.2　例 6 图

出．根据几何概率的定义，所求的概率为

$$P=\frac{\text{阴影区域的面积}}{\text{正方形的面积}}=\frac{T^2-(T-t)^2}{T^2}$$

习题一

1. 一批产品中有合格品和废品，从中有放回地抽取 3 个产品，设 A_i 表示事件"第 i 次抽到废品"，试用 A_i 的运算表示下列各个事件：

(1) 第一次、第二次中至少有一次抽到废品；

(2) 只有第一次抽到废品；

(3) 三次都抽到废品；

(4) 至少有一次抽到合格品；

(5) 只有两次抽到废品．

2. 设 $P(A)=\frac{1}{3},P(B)=\frac{1}{4},P(A\cup B)=\frac{1}{2}$，求 $P(\overline{A}\cup\overline{B})$．

3. 已知 $P(A)=P(B)=P(C)=\frac{1}{4},P(AC)=P(BC)=\frac{1}{16},P(AB)=0$，求事件 A,B,C 全不发生的概率．

4. 10 把钥匙中有 3 把能打开门，现任取两把，求能打开门的概率．

5. 口袋中有 5 个红球及 2 个白球．从该口袋中任取一个球，看过它的颜色后放回袋中，然后，再从该口袋中任取一个球．设每次取球时口袋中各个球被取到的可能性相同．求：

(1) 第一次、第二次都取到红球的概率；

(2) 第一次取到红球、第二次取到白球的概率；

(3) 两次取到的球为红、白各一个的概率；

(4) 第二次取到红球的概率．

6. 一个盒子中装有 6 只晶体管，其中有 2 只是不合格品，现进行不放回抽样，接连取两次，每次随机取 1 只，试求下列事件的概率：

(1) 2 只都是合格品；

(2) 1 只是合格品，1 只是不合格品；

(3) 至少有 1 只是合格品．

7. 从一副扑克牌（52 张）中任取 3 张（不重复），计算取出的 3 张牌中至少有 2 张花色相同的概率．

8. 某专业研究生复试时，有 3 张考签，3 个考生应试，一个人抽一张后立即放回，再由另一人抽，如此 3 人各抽一次，求抽签结束后，至少有一张考签没有被抽到的概率．

9. 设一批产品共 100 件，其中 98 件正品，2 件次品，从中任意抽取 3 件（分三种情况：一次拿 3 件；每次拿 1 件，取后放回，拿 3 次；每次拿 1 件，取后不放回，拿 3 次），试求：

(1) 取出的 3 件中恰有 1 件是次品的概率；

(2) 取出的 3 件中至少有 1 件是次品的概率．

10. 把甲、乙、丙 3 名学生随机地分配到 5 间空置的宿舍中，假设每间宿舍最多可住 8 人，试求这 3 名学生住在不同宿舍的概率．

11. 设某一质点一定落在 xOy 平面中由 x 轴、y 轴及直线 $x+y=1$ 所围成的三角形内，而落在该三角形内各点处的可能性相等，即落在该三角形内任何区域的可能性与该区域的面积成正比例，计算质点落在直线 $x=\frac{1}{3}$ 的左边的概率．

12. 甲、乙两艘轮船都要在某个泊位停靠 6h，假定它们在一昼夜的时间段中随机地到达，试求这两艘轮船中至少有一艘在停靠泊位时必须等待的概率．

第二章　条件概率与事件的独立性

第一节　条件概率

一、条件概率的概念

定义 1　设 A，B 为两事件，$P(A)>0$，称 $\dfrac{P(AB)}{P(A)}$ 为事件 A 已发生条件下事件 B 发生的**条件概率**，记为 $P(B|A)$，即

$$P(B|A)=\frac{P(AB)}{P(A)}$$

类似地，如 $P(B)>0$，有

$$P(A|B)=\frac{P(AB)}{P(B)}$$

条件概率示意图如图 2.1 所示．

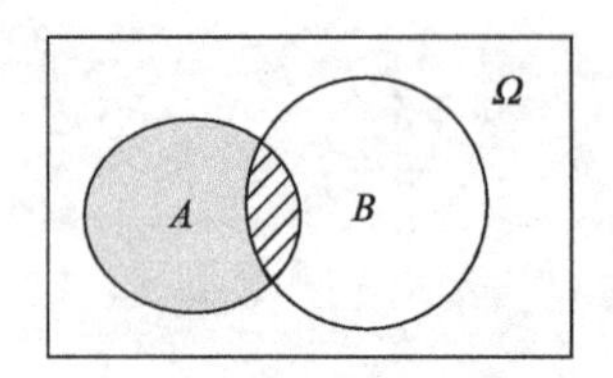

图 2.1　条件概率

【例 1】　人寿保险公司常需要知道存活到某一年龄段的人在下一年仍然存活的概率．根据统计资料可知，某城市的人由出生活到 50 岁的概率为 0.90718，存活到 51 岁的概率为 0.90135，问现在已经 50 岁的人，能够活到 51 岁的概率是多少？

解 设$A=\{$活到50岁$\}$，$B=\{$活到51岁$\}$，显然$B\subset A$，因此，$AB=B$. 因为$P(A)=0.90718$，$P(B)=0.90135$，$P(AB)=P(B)=0.90135$，故

$$P(B|A)=\frac{P(AB)}{P(A)}=\frac{0.90135}{0.90718}\approx 0.99357$$

由此可知，该城市的人在50～51岁之间死亡的概率约为0.00643. 在平均意义下，该年龄段中每千人中约有6.43人死亡.

二、乘法公式

由条件概率定义知，若$P(A)>0$，可得$P(AB)=P(A)P(B|A)$，若$P(B)>0$，可得$P(AB)=P(B)P(A|B)$.

乘法定理可以推广到3个事件的情况，例如，设A，B，C为3个事件，且$P(AB)>0$，则有

$$P(ABC)=P(C|AB)P(AB)=P(C|AB)P(B|A)P(A)$$

推广到任意n个事件$A_1,\cdots,A_n$的情况：设$n>1$，$P(A_1A_2\cdots A_n)>0$，则有

$$P(A_1A_2\cdots A_n)=P(A_1)P(A_2|A_1)\cdots P(A_n|A_1A_2\cdots A_{n-1})$$

此处应注意，条件$P(A_1A_2\cdots A_n)>0$保证了上式出现的所有条件概率都有意义，即$P(A_1)$，$P(A_1A_2)$，$P(A_1A_2\cdots A_{n-1})$均大于0.

【例2】 已知某厂家的一批产品共100件，其中有5件废品. 为慎重起见，某采购员对产品进行不放回的抽样检查，如果在被他抽查的5件产品中至少有一件废品，则他拒绝购买这批产品. 求采购员购买这批产品的概率.

解 设$A_i=\{$被抽查的第i件产品是废品$\}$，$i=1,2,3,4,5$，$A=\{$采购员拒绝购买$\}$，则

$$A=\bigcup_{i-1}^{5}A_i$$

直接求$P(A)$比较困难，可先求$P(\overline{A})$. 因为$\overline{A}=\overline{A}_1\overline{A}_2\overline{A}_3\overline{A}_4\overline{A}_5$，根

据题意有

$$P(\overline{A}_1)=\frac{95}{100} \quad P(\overline{A}_2\,|\,\overline{A}_1)=\frac{94}{99} \quad P(\overline{A}_3\,|\,\overline{A}_1\overline{A}_2)=\frac{93}{98}$$

$$P(\overline{A}_4\,|\,\overline{A}_1\overline{A}_2\overline{A}_3)=\frac{92}{97} \quad P(\overline{A}_5\,|\,\overline{A}_1\overline{A}_2\overline{A}_3\overline{A}_4)=\frac{91}{96}$$

由乘法定理得采购员购买这批产品的概率为

$$\begin{aligned}P(\overline{A}) &= P(\overline{A}_1\overline{A}_2\overline{A}_3\overline{A}_4\overline{A}_5)\\ &= P(\overline{A}_5\,|\,\overline{A}_1\overline{A}_2\overline{A}_3\overline{A}_4)P(\overline{A}_4\,|\,\overline{A}_1\overline{A}_2\overline{A}_3)P(\overline{A}_3\,|\,\overline{A}_1\overline{A}_2)\\ &\quad P(\overline{A}_2\,|\,\overline{A}_1)P(\overline{A}_1)\\ &= \frac{95\times94\times93\times92\times91}{100\times99\times98\times97\times96}\\ &\approx 0.7696\end{aligned}$$

第二节　全概率公式

定义 2　设 Ω 是试验 E 的样本空间，$B_1,B_2,B_3,\cdots,B_n$ 为 E 的一组事件，若 $B_iB_j=\Phi$，$i\neq j$，$i,j=1,2,\cdots,n$，$B_1\cup B_2\cup B_3\cup\cdots\cup B_n=\Omega$，则称 $B_1,B_2,B_3,\cdots,B_n$ 为样本空间的一个**划分**.

显然，若 $B_1,B_2,B_3,\cdots,B_n$ 为 Ω 的一个划分，则对 E 的任何一个事件 A，有

$$A=AB_1\cup AB_2\cup AB_3\cup\cdots\cup AB_n \quad (AB_i)(AB_j)=\Phi$$

定理 1（全概率公式）　设试验 E 的样本空间为 Ω，A 为 E 的事件，$B_1,B_2,B_3,\cdots,B_n$ 为 Ω 的一个划分，且 $P(B_i)>0$，$i=1,2,\cdots,n$，则

$$P(A)=\sum_{i=1}^{n}P(A\,|\,B_i)P(B_i)$$

【例 3】　某商店收进甲厂生产的产品 30 箱，乙厂生产的同种产品 20 箱，甲厂每箱装 100 个，废品率为 0.06，乙厂每箱装 120 个，废品率为 0.05，求：(1) 任取一箱，从中任取一个为废品的

概率；(2) 若将所有产品开箱混放，任取一个为废品的概率.

解 设事件 B_1 和 B_2 分别为甲、乙两厂的产品，A 为废品，则

(1) $P(B_1)=\frac{30}{50}=\frac{3}{5}\quad P(B_2)=\frac{20}{50}=\frac{2}{5}$

$P(A|B_1)=0.06\quad P(A|B_2)=0.05$

由全概率公式得

$$P(A)=P(A|B_1)P(B_1)+P(A|B_2)P(B_2)$$
$$=\frac{3}{5}\times 0.06+\frac{2}{5}\times 0.05=0.056$$

(2) $P(B_1)=\frac{30\times 100}{30\times 100+20\times 120}=\frac{5}{9}$

$P(B_2)=\frac{20\times 120}{30\times 100+20\times 120}=\frac{4}{9}$

$P(A|B_1)=0.06\quad P(A|B_2)=0.05$

由全概率公式得

$$P(A)=P(A|B_1)P(B_1)+P(A|B_2)P(B_2)$$
$$=\frac{5}{9}\times 0.06+\frac{4}{9}\times 0.05\approx 0.056$$

第三节 贝叶斯公式

定理 2 (贝叶斯公式) 设试验 E 的样本空间为 Ω，A 为 E 的事件，$B_1,B_2,B_3,\cdots,B_n$ 为 Ω 的一个划分，且 $P(A)>0$，$P(B_i)>0$，$i=1,2,\cdots,n$，则

$$P(B_i|A)=\frac{P(A|B_i)P(B_i)}{\sum_{j=1}^{n}P(A|B_j)P(B_j)}\quad(i=1,2,\cdots,n)$$

上式为贝叶斯 (Bayes) 公式，也称为**逆概率问题**.

与全概率公式恰好相反，贝叶斯公式主要用于当观察到一个事件已经发生时，求导致该事件发生的各种原因、情况或途径的可能性的大小.

【例 4】 由医学统计数据分析可知，人群中患有某种病菌引起的疾病的人数占总人数的0.5%. 一种血液化验以95%的概率将患有此疾病的人检查出呈阳性，但也以1%的概率误将不患此疾病的人检查出呈阳性，先设某人检查出呈阳性反应，问他确患有此疾病的概率是多少？

解 设 $A=\{$检查呈阳性$\}$，$B_1=\{$被检查者患此疾病$\}$，$B_2=\{$被检查者不患此疾病$\}$，显然

$$B_1 \cup B_2 = \Omega \quad B_1B_2 = \Phi$$

且已知

$$P(B_1)=0.005 \quad P(B_2)=0.995$$

$$P(A|B_1)=0.95 \quad P(A|B_2)=0.01$$

由贝叶斯公式可得

$$P(B_1|A)=\frac{0.005\times 0.95}{0.005\times 0.95+0.995\times 0.01}\approx 0.323$$

第四节 事件的独立性

一、两个事件的独立性

从本章第一节例 1 中可以看出 $P(B|A)\neq P(B)$，即事件 A，B 中某个事件发生对另一个事件发生的概率是有影响的. 但在许多实际问题中，常会遇到两个事件中任何一个事件发生都不会对另一个事件发生的概率产生影响，此时 $P(B|A)=P(B)$.

定义 3 若两事件 A,B 满足

$$P(AB)=P(A)P(B)$$

则称 A,B 相互独立.

【例 5】 甲、乙二人向同一目标各射击一次，设甲击中目标的概率为0.5，乙击中目标的概率为0.6，求目标被击中的概率.

解 设 A,B 分别表示甲、乙击中目标，则 $A\cup B$ 表示目标被

击中．甲击中目标与否同乙击中目标与否互不影响，所以根据实际问题可以认为二者之间是相互独立的，故

$$\begin{aligned}P(A\cup B)&=P(A)+P(B)-P(AB)\\&=P(A)+P(B)-P(A)P(B)\\&=0.5+0.6-0.5\times0.6\\&=0.8\end{aligned}$$

二、多个事件的独立性

定义 4 设 A，B，C 是三个事件，如果有

$$P(AB)=P(A)P(B)\quad P(BC)=P(B)P(C)\quad P(CA)=P(C)P(A)$$

则称 A，B，C 两两独立．

若不仅上面的式子成立，还有

$$P(ABC)=P(A)P(B)P(C)$$

也成立，则称 A，B，C 相互独立．

一般地，n 个事件 $A_1,A_2,\cdots,A_n$：若对任意 s（$2\leqslant s\leqslant n$）个事件 $A_{k_1},A_{k_2},\cdots,A_{k_s}$ 有

$$P(A_{k_1}A_{k_2}\cdots A_{k_s})=P(A_{k_1})P(A_{k_2})\cdots P(A_{k_s})$$
$$1\leqslant k_1<k_2<\cdots<k_s\leqslant n,\ 2\leqslant s\leqslant n$$

则称事件 $A_1,A_2,\cdots,A_n$ 相互独立．

【例 6】 已知甲、乙两袋中分别装有编号为 1，2，3，4 的四个球．现从甲、乙两袋中各取一个球，设 $A=$｛从甲袋中取出的是偶数号球｝，$B=$｛从乙袋中取出的是奇数号球｝，$C=$｛从两袋中取出的都是偶数号球或都是奇数号球｝，考察 A，B，C 的独立性．

解 由题意可知

$$P(A)=P(B)=P(C)=\frac{2}{4}=\frac{1}{2}$$

$$P(AB)=P(AC)=P(BC)=\frac{1}{4}$$

$$P(ABC)=\frac{1}{4}$$

因此

$$P(AB)=P(A)P(B)\quad P(AC)=P(A)P(C)\quad P(BC)=P(B)P(C)$$

但 $$P(ABC)=\frac{1}{4}\neq\frac{1}{2}\times\frac{1}{2}\times\frac{1}{2}=P(A)P(B)P(C)$$

因而 A，B，C 两两独立，但不相互独立．

定理 3 若事件 A 与 B 独立，则 A 与 $\overline{B}$，$\overline{A}$ 与 B，$\overline{A}$ 与 $\overline{B}$ 也必独立．

此处仅证 A，$\overline{B}$ 独立．

$$P(A\overline{B})=P(A-AB)=P(A)-P(AB)$$

由假设知 A，B 独立，故有

$$\begin{aligned}P(A\overline{B})&=P(A-AB)=P(A)-P(A)P(B)\\&=P(A)(1-P(B))=P(A)P(\overline{B})\end{aligned}$$

因而 A，$\overline{B}$ 独立．

以上性质可以推广到任意多个事件独立的情形．

【例 7】 甲、乙、丙三人各射一次靶，他们各自中靶与否相互独立，且已知他们各自中靶的概率分别为 0.5，0.6，0.8，求下列事件的概率：(1) 恰有一人中靶；(2) 至少有一人中靶．

解 设 $A_i(i=1,2,3)$ 分别表示甲、乙、丙中靶事件，则“恰有一人中靶”这一事件可表示为 $A_1\overline{A}_2\overline{A}_3+\overline{A}_1A_2\overline{A}_3+\overline{A}_1\overline{A}_2A_3$，“至少有一人中靶”这一事件可表示为 $A_1+A_2+A_3$．

$$\begin{aligned}(1)\ &P(A_1\overline{A}_2\overline{A}_3+\overline{A}_1A_2\overline{A}_3+\overline{A}_1\overline{A}_2A_3)\\&=P(A_1\overline{A}_2\overline{A}_3)+P(\overline{A}_1A_2\overline{A}_3)+P(\overline{A}_1\overline{A}_2A_3)\\&=P(A_1)P(\overline{A}_2)P(\overline{A}_3)+P(\overline{A}_1)P(A_2)P(\overline{A}_3)+\\&\quad P(\overline{A}_1)P(\overline{A}_2)P(A_3)\\&=0.5\times(1-0.6)\times(1-0.8)+(1-0.5)\times0.6\times\\&\quad(1-0.8)+(1-0.5)\times(1-0.6)\times0.8\\&=0.26\end{aligned}$$

$$\begin{aligned}(2)\ P(A_1+A_2+A_3)&=1-P(\overline{A}_1)P(\overline{A}_2)P(\overline{A}_3)\\&=1-0.5\times0.4\times0.2=0.96\end{aligned}$$

第五节　伯努利试验和二项概率

一、伯努利试验

如果将试验 E 重复进行 n 次，在每次试验中，事件 A 或发生，或不发生．假设每次试验的结果互不影响，即在每次试验中事件 A 发生的概率保持不变，不受其他各次事件结果的影响，则这 n 次试验是相互独立的．

如果试验 E 只有两种可能的结果 A 及 $\overline{A}$，并且 $P(A)=p$，$P(\overline{A})=1-p$，其中 $0<p<1$．将试验 E 独立地进行 n 次试验所构成的一系列试验称为 n 重伯努利（Bernoulli）试验，简称为**伯努利试验**或**伯努利概型**．

伯努利概型是一种重要的概率模型．如掷硬币，每次只有两个结果：正面 A 或反面 $\overline{A}$，$P(A)=P(\overline{A})=\dfrac{1}{2}$．独立重复地掷硬币就是一个伯努利概型．又如在一批产品中，有一定数量的次品，设次品率是 p，此时正品率是 $q=1-p$．进行 n 次独立重复的抽样（放回抽样是独立重复的抽样），也是伯努利概型．

二、二项概率

定理 4　在一次试验中，事件 A 发生的概率是 p，$0<p<1$，则在 n 重伯努利试验中，事件 A 恰好发生 $k(0\leqslant k\leqslant n)$ 次的概率为 $P_n(k)=\mathrm{C}_n^k p^k(1-p)^{n-k}$，$k=0,1,2,\cdots,n$．

由于 $\mathrm{C}_n^k p^k(1-p)^{n-k}$ 是二项展开式，则有

$$[p+(1-p)]^n=\sum_{k=0}^{n}\mathrm{C}_n^k p^k(1-p)^{n-k}$$

因此上面求得的计算 $P_n(k)$ 的公式又称为**二项概率公式**．

【例 8】　一个工人负责维修 10 台同类型的车床，在一段时间内每台车床发生故障需要维修的概率为 0.3．求：(1) 在这段时间内有 2～4 台机床需要维修的概率；(2) 在这段时间内至少有 1 台机床需要维修的概率．

解 各台机床是否需要维修是相互独立的，已知 $n=10$，$p=0.3$，$1-p=0.7$.

(1) $$P(2\leqslant k\leqslant 4)=P_{10}(2)+P_{10}(3)+P_{10}(4)$$
$$=C_{10}^{2}0.3^{2}\times 0.7^{8}+C_{10}^{3}0.3^{3}\times 0.7^{7}+C_{10}^{4}0.3^{4}\times 0.7^{6}$$
$$\approx 0.7004$$

(2) $P(k\geqslant 1)=1-0.7^{10}\approx 0.9718$

习题二

1. 已知 $P(A)=\dfrac{1}{4}$，$P(B|A)=\dfrac{1}{3}$，$P(A|B)=\dfrac{1}{2}$，求 $P(A\cup B)$.

2. 某人有一笔资金，他投入基金的概率为 0.58，购买股票的概率为 0.28，两项投资都做的概率为 0.19.

   (1) 已知他已投入基金，问再购买股票的概率是多少？

   (2) 已知他已购买股票，问再投入基金的概率是多少？

3. 据以往资料表明，某一三口之家，患某种传染病的概率有以下规律：$P\{$孩子得病$\}=0.6$，$P\{$母亲得病$|$孩子得病$\}=0.5$，$P\{$父亲得病$|$母亲及孩子得病$\}=0.4$. 求母亲及孩子得病但父亲未得病的概率.

4. 某人忘记了电话号码的最后一个数字，因而他随意地拨号，求他拨号不超过三次而接通所需号码的概率. 若已知最后一个数字是奇数，此概率是多少？

5. 用 3 个机床加工同一种零件，零件由各机床加工的概率分别为 0.5，0.3，0.2，各机床加工的零件为合格品的概率分别为 0.94，0.9，0.95，求全部产品的合格率.

6. 已知甲袋中装有 6 只红球，4 只白球；乙袋中装有 8 只红球，6 只白球. 求下列事件的概率：

   (1) 随机地取 1 只袋，再从该袋中随机地取 1 只球，该求是红球；

   (2) 合并 2 只口袋，从中随机地取 1 只球，该球是红球.

7. 有两箱同种类的零件，第一箱装了 50 只，其中有 10 只一等品；第二箱装了 30 只，其中有 18 只一等品. 现从两箱中任意挑出一箱，然后从该箱中取零件两次，每次任取 1 只，做不放回抽样，求：

   (1) 第一次取到的是一等品的概率；

(2) 在第一次取到的零件是一等品的条件下，第二次取到的也是一等品的概率．

8. 玻璃杯成箱出售，每箱 20 只，各箱次品数为 0，1，2 只的概率分别为 0.8，0.1，0.1，某顾客欲买下一箱玻璃杯，售货员随机取出一箱，顾客开箱后随机取 4 只进行检查，若无次品则购买，否则退回，求：

(1) 顾客买下该箱玻璃杯的概率 α；

(2) 在顾客买下的一箱中，确实没有次品的概率 β.

9. 设某一工厂有甲、乙、丙三个车间，它们生产同一种螺钉，每个车间的产量分别占全厂生产螺钉总产量的 25%，35%，40%，每个车间成品中次品的螺钉占该车间生产量的百分数分别为 5%，4%，2%. 如果从全厂总产品中抽取一件产品，得到了次品．求它分别是车间甲、乙、丙生产的概率．

10. 10 个人中有一对夫妇，他们随意坐在一张圆桌周围，求该对夫妇恰好坐在一起的概率．

11. 3 人独立地去破译一个密码，他们能破译出的概率分别为 $\frac{1}{5},\frac{1}{3},\frac{1}{4}$，问能将此密码破译出的概率是多少？

12. 甲、乙两人射击，甲击中的概率为 0.8，乙击中的概率为 0.7，两人同时射击，并假设中靶与否是独立的．求：

(1) 两人都中靶的概率；

(2) 甲中乙不中的概率；

(3) 甲不中乙中的概率．

13. 甲、乙、丙 3 人同时向一架飞机射击，设击中飞机的概率分别为 0.4，0.5，0.7. 如果只有 1 人击中飞机，则飞机被击落的概率是 0.2；如果有 2 人击中飞机，则飞机被击落的概率是 0.6；如果 3 人都击中飞机，则飞机一定被击落．求飞机被击落的概率．

14. 假设一部机器在一天内发生故障的概率为 0.2，机器发生故障时全天停止工作，若一周 5 个工作日里每天是否发生故障相互独立，试求一周 5 个工作日里发生 3 次故障的概率．

15. 某宾馆大楼有 4 部电梯，通过调查知道在某时刻 T 各电梯正在运行的概率均为 0.75，求：

(1) 在此时刻至少有 1 台电梯在运行的概率；

(2) 在此时刻恰好有一半电梯在运行的概率；

(3) 在此时刻所有电梯都在运行的概率．

第三章 一维随机变量及其分布

对于一个随机试验，人们除了对某些特定的事件发生的概率感兴趣以外，往往还会关心某个与随机试验的结果相联系的变量．这一变量的取值依赖于试验结果，而试验结果是不确定的，所以这一变量的取值也是不确定的，这种变量被称为随机变量．对于随机变量，人们无法准确预知其确切取值，但可以研究其取值的统计规律性．对一个随机变量的统计规律性的完整描述称为随机变量的分布．

第一节 离散型随机变量

一、随机变量的概念

在一些随机试验中，试验的结果本身就是由数量来表示的．例如，投掷一枚骰子，观察其出现的点数，可能的结果可分别由 1，2，3，4，5，6 来表示；再如，观察一个灯泡的寿命，实际使用寿命可能是 $[0,+\infty)$ 中的任何一个实数．

直观上，随机变量是随机试验观察对象的量化指标，它随着试验的不同结果而取不同的值．由于试验结果的出现是随机的，因而随机变量的取值也是随机的．为了全面地研究随机试验的结果，揭示随机现象的统计规律性，将随机试验的结果与实数对应起来，使随机试验的结果数量化，并引入随机变量的概念．

在做随机试验的时候，常常并不关心试验结果本身，而是对于试验结果联系着的某个数感兴趣．

定义 1 对于给定的随机试验，Ω 是其样本空间，对 Ω 中每一样本点 ω，有且只有一个实数 $X(\omega)$ 与之对应，则称此定义在 Ω 上

的实值函数 X 为**随机变量**（random variable）．通常用大写英文字母表示随机变量，用小写的英文字母表示其取值．

投掷一枚均匀硬币，观察硬币的着地面，此时观察对象是硬币的面，因而是定性的，可引进如下的量化指标（记为 X）：设 X 为一次投掷中出现正面的次数，即

$$X(\omega)=\begin{cases}1, & \omega=\text{正面}\\0, & \omega=\text{反面}\end{cases}$$

二、离散型随机变量的分布律

定义 2　设 X 为随机变量，可能取的值是有限个或可数多个数值，这样的随机变量称为**离散型随机变量**，它的分布称为**离散型分布**.

设 X 为一个离散型随机变量，它可能取的值为 $x_1, x_2, \cdots$，事件 $\{X=x_i\}$ 的概率为 $p_i(i=1,2,\cdots)$，则可以用下面的表来表达 X 取值的规律：

X	x_1	x_2	$\cdots$	x_i	$\cdots$
P_k	p_1	p_2	$\cdots$	p_i	$\cdots$

其中 $0\leqslant p_i\leqslant 1(i=1,2,\cdots)$，$\sum\limits_i p_i=1$．这个表所表示的函数称为离散型随机变量 X 的**分布律**（或称为概率分布）．

【例 1】　在装有 m 个红球，n 个白球的袋子中，随机取一个球，观察取出球的颜色，此时观察对象为球的颜色，因而是定性的，可引进如下的量化指标（记为 X）：

$$X=\begin{cases}1, & \text{取到的是红球}\\0, & \text{取到的是白球}\end{cases}$$

则有

$$P(X=1)=P(\text{取到红球})=\frac{m}{m+n}$$

$$P(X=0)=P(\text{取到白球})=\frac{n}{m+n}$$

故 X 的分布律为

X	1	0
P_k	$\frac{m}{m+n}$	$\frac{n}{m+n}$

【例 2】 设随机变量 X 的分布律为

X	-1	0	1	2
P_k	0.2	0.3	0.1	0.4

求：(1) $Y=(X-1)^2$ 的分布律；(2) $Y=2X+3$ 的分布律．

解 由 X 的分布律可列出下表：

P_k	0.2	0.3	0.1	0.4
X	-1	0	1	2
$(X-1)^2$	4	1	0	1
$2X+3$	1	3	5	7

(1) $Y=(X-1)^2$ 的分布律为

Y	0	1	4
P_k	0.1	0.7	0.2

(2) $Y=2X+3$ 的分布律为

Y	1	3	5	7
P_k	0.2	0.3	0.1	0.4

三、常用的离散型分布

1．(0—1) 分布

如果 X 的分布律为

X	0	1
P_k	$1-p$	p

其中 $0<p<1$，则称 X 的分布为 **(0—1) 分布或两点分布** (two-point distribution)．

2．二项分布

在 n 重伯努利试验中，如果以随机变量 X 表示 n 次试验中事件

A 发生的次数，则 X 可能取的值为 $0,1,2,\cdots,n$，且由二项概率得到 X 取 k 值的概率为

$$P(X=k)=\binom{n}{k}p^{k}(1-p)^{n-k} \quad (k=0,1,2,\cdots,n)$$

因此，X 的分布律为

X	0	1	$\cdots$	k	$\cdots$	n
P_k	$(1-p)^n$	$\binom{n}{1}(1-p)^{n-1}$	$\cdots$	$\binom{n}{k}(1-p)^{n-k}$	$\cdots$	p^n

称这个离散型分布是参数为 n,p 的**二项分布**（binomial distribution)，记作 $X\sim B(n,p)$，这里 $0<p<1$，$p=P(A)$．

显然，当 $n=1$ 时，二项分布实质上就是（0—1）分布．

【例 3】 一个袋子中装有 4 个球，其中 3 个白球，1 个黑球．从中任意取出 1 个球，观察其颜色，放回袋中．共取出三次．设 X 为取出黑球的次数，求随机变量 X 的分布律及至多取出一次黑球的概率．

解 每次取出黑球的概率为 $\frac{1}{4}$，可认为做三次重复独立的试验，每次试验中事件发生的概率为 $\frac{1}{4}$，因此取出黑球的次数 X 服从参数为 $3,\frac{1}{4}$ 的二项分布 $B\left(3,\frac{1}{4}\right)$，其分布律为

$$P(X=k)=\binom{k}{3}\left(\frac{1}{4}\right)^{k}\left(\frac{3}{4}\right)^{3-k} \quad (k=0,1,2,3)$$

即为

X	0	1	2	3
P_k	$\frac{27}{64}$	$\frac{27}{64}$	$\frac{9}{64}$	$\frac{1}{64}$

至多取出一次黑球的概率为

$$P(X\leqslant 1)=P(X=0)+P(X=1)=\frac{27}{64}+\frac{27}{64}=\frac{27}{32}$$

3. 几何分布

设随机变量 X 的分布律为

$$P(X=k)=(1-p)^{k-1}p \quad (0<p<1,k\geqslant 1)$$

则称 X 服从参数为 p 的几何分布（geometric distribution），记作 $X\sim G(p)$.

在独立重复试验中，事件 A 发生的概率为 p，设 X 为直到 A 发生为止所进行的次数，显然 X 的可能取值是全体自然数，且其分布为几何分布.

几何分布具有下列无记忆性：

$$P(X>m+n|X>m)=P(X>n) \quad (m,n\in N)$$

因
$$P(X>m+n|X>m)=\frac{P(X>m+n)}{P(X>m)}$$

$$P(X>m+n)=(1-p)^{m+n}$$

$$P(X>m)=\sum_{k=m+1}^{\infty}(1-p)^{k-1}p=(1-p)^m\sum_{i=1}^{\infty}(1-p)^{i-1}p$$
$$=(1-p)^m$$

$$P(X>n)=(1-p)^n$$

故得到上面的结论.

4. 超几何分布

设 N，M，k 为正整数，且 $n\leqslant N$，$m\leqslant N$，若随机变量 X 的分布律为

$$P(X=k)=\frac{C_M^k C_{N-M}^{n-k}}{C_N^n} \quad (0\leqslant k\leqslant n)$$

则称 X 服从参数为 n，M，N 的**超几何分布**（hype-geometric distribution），记作 $X\sim H(n,M,N)$.

对 N 件产品做不放回抽样调查.若产品中含有 M 件次品，则抽取的 n 件产品中含有的次品数 X 为一个随机变量，X 的可能取值为 0，1，2，…，min（n，M），其概率分布为几何分布.

一个袋子装有 N 个球，其中有 N_1 个白球，N_2 个黑球（$N=N_1+N_2$），从中不放回地抽取 n 个球，设 X 表示取得白球的数目，

则 X 的分布为超几何分布．即

$$P(X=k)=\frac{C_{N_1}^{k}C_{N_2}^{n-k}}{C_N^n} \quad (0\leqslant k\leqslant n)$$

对产品进行有放回抽样调查，抽得的次品数服从二项分布，参数 n 为抽取数，p 为次品率．可以证明，超几何分布的极限分布为二项分布，故当产品总数相当大时，不放回抽样问题可按有放回抽样问题处理．

5．泊松分布

设随机变量 X 的分布律为

$$P(X=k)=\frac{\lambda^k}{k!}e^{-\lambda} \quad (k=0,1,2,\cdots)$$

其中 $\lambda>0$，则称随机变量 X 服从参数为 λ 的**泊松分布**（Poisson distribution），记作 $X\sim P(\lambda)$．

【例 4】 设每分钟到某医院就诊的急诊病人数 X 服从泊松分布，且已知在 1min 内没有急诊病人与恰有一个急诊病人的概率相同，求 1min 内至少有两个急诊病人前来就诊的概率．

解 设 X 服从参数为 λ 的泊松分布，由题意知

$$P(X=0)=P(X=1)$$

即

$$\frac{\lambda^0}{0!}e^{-\lambda}=\frac{\lambda^1}{1!}e^{-\lambda}$$

可解得

$$\lambda=1$$

因此，至少有两个急诊病人前来就诊的概率为

$$\begin{aligned}P(X\geqslant 2)&=1-P(X=0)-P(X=1)\\&=1-\frac{1^0}{0!}e^{-1}-\frac{1^1}{1!}e^{-1}\\&=1-2e^{-1}\end{aligned}$$

定理 1（泊松定理） 设 $\lambda>0$ 为常数，n 为任意正整数，$np=\lambda$，则对任一固定非负整数 k，有

$$\lim_{n\to\infty}C_n^k p^k(1-p)^{n-k}=\frac{\lambda^k e^{-\lambda}}{k!}$$

二项分布 $B(n,p)$ 的参数 n 很大，p 很小且 np 适中时，可以用 $\lambda=np$ 的泊松分布近似计算，即

$$C_n^k p^k (1-p)^{n-k} \approx \frac{\lambda^k e^{-\lambda}}{k!}$$

一般情况下 $n \geqslant 50, p < 0.1$ 时，就可以利用泊松定理来近似计算．

【例 5】 设某人进行射击，每次射击的击中率为 0.005，独立射击 1000 次，试求 1000 次射击中击中次数不超过 10 次的概率．

解 设 X 为 1000 次射击中的击中次数，对每次射击而言，相当于做一次伯努利试验，1000 次就是做 1000 重伯努利试验，因此 $X \sim B(1000, 0.005)$，而这 1000 次射击中击中次数不超过 10 次的概率为

$$P(X \leqslant 10) = \sum_{k=0}^{10} \binom{1000}{k} (0.005)^k (0.995)^{1000-k}$$

$$\lambda = 1000 \times 0.005 = 5$$

故
$$P(X \leqslant 10) \approx \sum_{k=0}^{10} \frac{5^k}{k!} e^{-5} \approx 0.986$$

第二节　随机变量的分布函数

一、分布函数的概念

定义 3 设 X 是一个随机变量，称定义域为 $(-\infty, +\infty)$，函数值在区间 $[0,1]$ 上的实值函数

$$F(x) = P(X \leqslant x) \ (-\infty < x < +\infty)$$

为随机变量 X 的**分布函数**（distribution function）．

【例 6】 设一个口袋有 6 个球，其中 1 个白球、3 个红球、2 个黑球．从中任取 1 个球，记随机变量 X 为所取球的颜色（白色、红色、黑色分别记为 1，2，3），求 X 的分布函数．

解 X 可能取的值为 1,2,3，由古典概型的计算公式，可知 X 取这些值的概率依次为 $\frac{1}{6}, \frac{1}{2}, \frac{1}{3}$．

当 $x<1$ 时，$\{X\leqslant x\}$是不可能事件，因此 $F(x)=0$；当$1\leqslant x<2$ 时，$\{X\leqslant x\}$等同于$\{X=1\}$，因此 $F(x)=\frac{1}{6}$；当 $2\leqslant x<3$ 时，$\{X\leqslant x\}$等同于$\{X=2$ 或 $X=1\}$，因此 $F(x)=\frac{1}{6}+\frac{1}{2}=\frac{2}{3}$；当$x\geqslant 3$ 时，$\{X\leqslant x\}$为必然事件，因此 $F(x)=1$.

综合起来，$F(x)$ 的表达式为

$$F(x)=\begin{cases}0, & x<1 \\ 1/6, & 1\leqslant x<2 \\ 2/3, & 2\leqslant x<3 \\ 1, & x\geqslant 3\end{cases}$$

它的图形如图 3.1 所示.

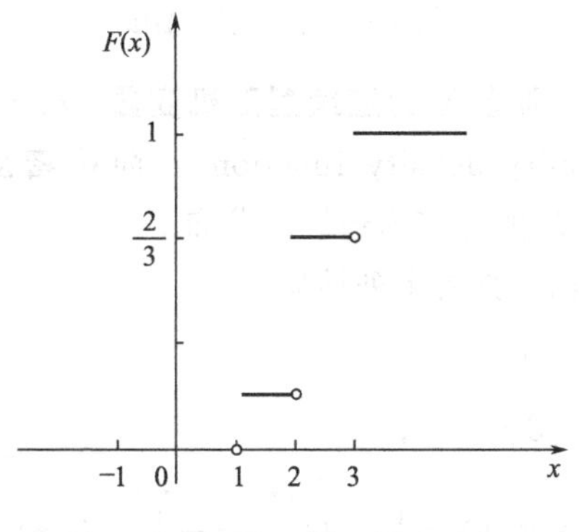

图 3.1 例 6 图

按分布函数的定义可知

$$P(a<X\leqslant b)=P(X\leqslant b)-P(X\leqslant a)=F(b)-F(a)$$

二、分布函数的性质

从分布函数的定义及其图形可看出分布函数具有以下性质：

(1) $0\leqslant F(x)\leqslant 1\ (-\infty<x<+\infty)$；

(2) 对于任意两点 x_1，x_2，当 $x_1<x_2$ 时，有 $F(x_1)\leqslant F(x_2)$，即任一分布函数都是单调不减的；

(3) $\lim\limits_{x\to-\infty} F(x)=0$，$\lim\limits_{x\to+\infty} F(x)=1$；

(4) $\lim\limits_{x\to x_0^+} F(x)=F(x_0)\ (-\infty<x_0<+\infty)$，即任一分布函数是一个右连续函数．

第三节　连续型随机变量

离散型随机变量只可能取有限多个值．实际问题中，还有一些随机变量可能的取值可充满一个区间（或若干个区间的并集），这类随机变量为连续型随机变量．

一、连续型随机变量的概念

定义 4　如果随机变量 X 的分布函数可表示为

$$F(x)=\int_{-\infty}^{x} f(t)\mathrm{d}t$$

其中 $f(x)\geqslant 0$，则称 X 为**连续型随机变量**，$f(x)$ 为 X 的**概率密度函数**（probability density function），简称**密度函数**（density function），并称 X 的分布为连续型分布．

密度函数 $f(x)$ 具有下列性质：

(1) $f(x)\geqslant 0$；

(2) $\int_{-\infty}^{+\infty} f(x)\mathrm{d}x=1$；

(3) $P(a<X<b)=\int_{-\infty}^{b} f(x)\mathrm{d}x-\int_{-\infty}^{a} f(x)\mathrm{d}x=\int_{a}^{b} f(x)\mathrm{d}x.$

直观上，以 x 轴上的区间 $(a,b]$ 为底、曲线 $y=f(x)$ 为顶的曲边梯形的面积就是 $P(a<X\leqslant b)$ 的值．

设 X 是任意一个连续型随机变量，$F(x)$ 与 $f(x)$ 分别是它的分布函数与密度函数，由分布函数与密度函数的性质可以得到下面的结论：

(1) $F(x)$ 是连续函数，且在 $f(x)$ 的连续点处有 $F'(x)=f(x)$；

(2) 对任意一个常数 c，$-\infty<c<+\infty$，有 $P(X=c)=0$；

(3) 对任意两个常数 a,b，$-\infty < a < b < +\infty$，有

$$P(a < X < b) = P(a \leqslant X < b) = P(a \leqslant X \leqslant b)$$
$$= P(a < X \leqslant b) = \int_a^b f(x)\mathrm{d}x$$

上面的性质 (2) 表明对连续型随机变量 X 而言，取任意一个常数值的概率为 0，这正是连续型随机变量与离散型随机变量的最大区别 .

【例 7】 假设 X 是连续型随机变量，其密度函数为

$$f(x) = \begin{cases} cx^2, & 0<x<2 \\ 0, & \text{其他} \end{cases}$$

求：(1) c 的值；(2) $P(-1 < X < 1)$.

解 (1) 因为 $f(x)$ 是一个密度函数，所以必须满足 $\int_{-\infty}^{+\infty} f(x)\mathrm{d}x = 1$，于是有

$$c\int_0^2 x^2\mathrm{d}x = 1$$

解得

$$c = \frac{3}{8}$$

(2) $$P(-1 < X < 1) = \int_{-1}^{1} f(x)\mathrm{d}x = \int_{-1}^{0} 0\mathrm{d}x + \int_0^1 f(x)\mathrm{d}x$$
$$= \int_0^1 \frac{3}{8}x^2\mathrm{d}x = \frac{1}{8}$$

二、连续型随机变量函数的分布

定理 2 设连续型随机变量 X 的密度函数为 $f_X(x)$，$y = g(x)$ 是一个单调函数且具有一阶连续导数，$x = h(y)$ 是 $y = g(x)$ 的反函数，则 $Y = g(X)$ 的密度函数为

$$f_Y(y) = f_X[h(y)]\,|h'(y)|$$

【例 8】 设随机变量 $X \sim N(\mu,\sigma^2)$，求随机变量 $Y = aX + b\ (a \neq 0)$ 的密度函数 .

解 随机变量 X 的密度函数为

$$f_X(x) = \frac{1}{\sqrt{2\pi}\sigma} e^{-\frac{(x-\mu)^2}{2\sigma^2}} \qquad (-\infty < x < +\infty)$$

由函数 $y = ax + b$ 得

$$x = h(y) = \frac{y-b}{a}$$

且 $$h'(y) = \frac{1}{a} \neq 0$$

由此可得 $Y = aX + b$ 的密度函数为

$$f_Y(y) = f_X[h(y)]|h'(y)| = \frac{1}{\sqrt{2\pi}\sigma} e^{-\frac{\left(\frac{y-b}{a}-\mu\right)^2}{2\sigma^2}} \frac{1}{|a|}$$

即 $$Y = aX + b \sim N(a\mu + b, a^2\sigma^2)$$

【例 9】 设随机变量 X 的密度函数为

$$f_X(x) = \begin{cases} 0, & x < 0 \\ x^3 e^{-x^2}, & x \geqslant 0 \end{cases}$$

求 $Y = 2X + 3$ 的密度函数.

解 由分布函数的定义得 Y 的分布函数为

$$F_Y(y) = P(Y \leqslant y) = P(2X + 3 \leqslant y)$$
$$= P\left(X \leqslant \frac{y-3}{2}\right)$$
$$= \begin{cases} \int_0^{\frac{y-3}{2}} x^3 e^{-x^2} dx, & y \geqslant 3 \\ 0, & y < 3 \end{cases}$$

由此可得 Y 的密度函数为

$$f_Y(y) = F'_Y(y) = \begin{cases} \frac{1}{2}\left(\frac{y-3}{2}\right)^3 e^{-\left(\frac{y-3}{2}\right)^2}, & y \geqslant 3 \\ 0, & y < 3 \end{cases}.$$

三、常见的连续型分布

1. 均匀分布

设随机变量 X 的密度函数为

$$f(x) = \begin{cases} \frac{1}{b-a}, & a < x < b \\ 0, & \text{其他} \end{cases}$$

则称 X 服从区间 (a,b) 上的**均匀分布**（uniform distribution），记为 $X \sim U(a,b)$．

均匀分布的分布函数为

$$F(x)=\begin{cases}0, & x<a \\ \dfrac{x-a}{b-a}, & a \leqslant x<b \\ 1, & x \geqslant b\end{cases}$$

【例 10】 某城际轻轨从上午 7 时起，每隔 15min 来一趟车，一位乘客在 9:00 到 9:30 之间随机到达该车站，试用均匀分布求：(1) 该乘客等候不到 5min 乘上车的概率；(2) 该乘客等候时间超过 10min 才乘上车的概率．

解 设该乘客于上午 9 时过 Xmin 到达该车站，由于乘客在 9:00到 9:30 之间随机到达，因此 X 服从区间 $(0,30)$ 上的均匀分布，即 X 的密度函数为

$$f(x)=\begin{cases}\dfrac{1}{30}, & 0<x<30 \\ 0, & \text{其他}\end{cases}$$

(1) 该乘客等候时间不到 5min，必须且只需在 9:10 到 9:15 之间或在 9:25 到 9:30 之间到达车站，因此所求概率为

$$P(10<X<15)+P(25<X<30)=\int_{10}^{15} \frac{1}{30} \mathrm{d} x+\int_{25}^{30} \frac{1}{30} \mathrm{d} x=\frac{1}{3}$$

(2) 同 (1) 的分析方法类似，可得到所求概率为

$$P(0<X<5)+P(15<X<20)=\frac{1}{3}$$

2. 指数分布

如果 X 的密度函数为

$$f(x)=\begin{cases}\lambda \mathrm{e}^{-\lambda x}, & x>0 \\ 0, & \text{其他}\end{cases}$$

其中 $\lambda>0$ 为常数，则称随机变量 X 服从参数为 λ 的**指数分布**（exponentially distribution），记为 $X \sim E(\lambda)$．

服从指数分布的随机变量 X 的分布函数为

$$F(x)=\begin{cases}0, & x<0\\ 1-e^{-\lambda x}, & x\geqslant 0\end{cases}$$

无记忆性是连续型随机变量的指数分布的特征性质.

定理 3 非负连续型随机变量 X 服从指数分布的充要条件是：对任意正实数 r 和 s，有

$$P(X>r+s\,|\,X>s)=P(X>r)$$

【例 11】 设顾客在某银行的窗口等待服务的时间（单位：min）服从参数为 0.2 的指数分布，如果顾客甲刚好在顾客乙前面走进银行并开始办理业务（假定银行只有一个窗口提供服务），试求顾客乙将等待超过 5min 的概率及等待 5～10min 的概率.

解 令 X 表示银行中正在办理业务的顾客甲所用的时间，由题意可知，X 服从参数为 0.2 的指数分布，因此 X 的密度函数为

$$f(x)=\begin{cases}0.2e^{-0.2x}, & x>0\\ 0, & \text{其他}\end{cases}$$

所求概率分别为

$$P(X>5)=\int_5^{+\infty}0.2e^{-0.2x}dx=-e^{-0.2x}\Big|_5^{+\infty}=e^{-1}$$

$$P(5<X<10)=\int_5^{10}0.2e^{-0.2x}dx=-e^{-0.2x}\Big|_5^{10}=e^{-1}-e^{-2}$$

3. 正态分布

定义 5 若随机变量 X 的密度函数为

$$f(x)=\frac{1}{\sqrt{2\pi}\sigma}e^{-\frac{(x-\mu)^2}{2\sigma^2}}\ (\mu,\sigma\text{都是常数},\sigma>0)$$

则称 X 服从参数为 μ,σ^2 的**正态分布**（normal distribution）或**高斯分布**（Gauss distribution），记作 $X\sim N(\mu,\sigma^2)$. 其分布函数为

$$F(x)=\int_{-\infty}^{x}f(t)dt=\frac{1}{\sqrt{2\pi}\sigma}\int_{-\infty}^{x}e^{-\frac{(t-\mu)^2}{2\sigma^2}}dt$$

当 $\mu=0,\sigma^2=1$ 时，称正态分布 $N(0,1)$ 为**标准正态分布**，X 的密度函数记为

$$\varphi(x)=\frac{1}{\sqrt{2\pi}}e^{-\frac{x^2}{2}} \quad (-\infty<x<+\infty)$$

分布函数记为

$$\Phi(x)=\int_{-\infty}^{x}f(t)\mathrm{d}t=\int_{-\infty}^{x}\frac{1}{\sqrt{2\pi}\sigma}e^{-\frac{t^2}{2}}\mathrm{d}t$$

标准正态分布的随机变量 X 的密度函数 $\varphi(x)$ 及分布函数 $\Phi(x)$ 见图 3.2.

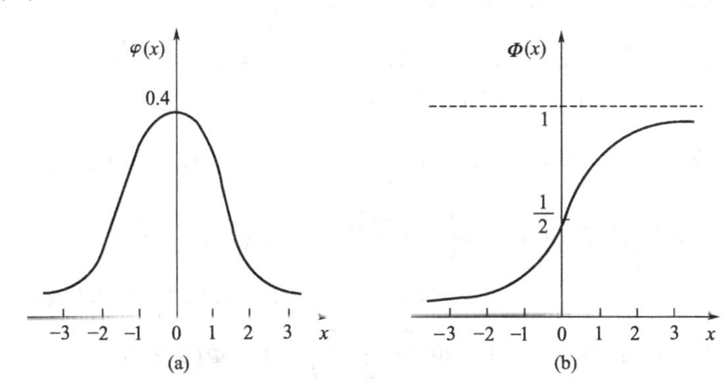

图 3.2　标准正态分布的密度函数及分布函数

定理 4　设 $X\sim N(0,1)$，则有

(1) $\Phi(-x)=1-\Phi(x)$；

(2) $P(X>x)=1-\Phi(x)$；

(3) $P(a<X<b)=\Phi(b)-\Phi(a)$；

(4) $P(|X|<a)=2\Phi(a)-1$.

【例 12】　设 $X\sim N(0,1)$，借助于标准正态分布的分布函数表计算：

(1) $P(X\leqslant 1.96)$；　　(2) $P(X\leqslant -1.96)$；

(3) $P(|X|\leqslant 1.96)$；　　(4) $P(-1<X\leqslant 2)$.

解　(1) $P(X\leqslant 1.96)=\Phi(1.96)=0.975$

(2) $P(X\leqslant -1.96)=\Phi(-1.96)=1-\Phi(1.96)$

$$=1-0.975=0.025$$

(3) $P(|X|\leqslant 1.96)=2\Phi(1.96)-1=2\times 0.975-1=0.95$

(4) $P(-1<X\leqslant 2)=\Phi(2)-\Phi(-1)=\Phi(2)+1-\Phi(1)$

$=0.81855$

定理 5 设 $X\sim N(\mu,\sigma^2)$，则

(1) $\dfrac{X-\mu}{\sigma}\sim N(0,1)$；

(2) $P(a<X\leqslant b)=\Phi\left(\dfrac{b-\mu}{\sigma}\right)-\Phi\left(\dfrac{a-\mu}{\sigma}\right)$.

【例 13】 设 Y 服从 $N(1.5,4)$，计算：(1) $P(Y\leqslant 3.5)$；(2) $P(Y\leqslant -4)$；(3) $P(Y>2)$；(4) $P(|Y|<3)$.

解 (1) $P(Y\leqslant 3.5)=\Phi\left(\dfrac{3.5-1.5}{2}\right)=\Phi(1)=0.8413$

(2) $P(Y\leqslant -4)=\Phi\left(\dfrac{-4-1.5}{2}\right)=\Phi(-2.75)$

$=1-\Phi(2.75)=1-0.9970=0.0030$

(3) $P(Y>2)=1-\Phi\left(\dfrac{2-1.5}{2}\right)=1-\Phi(0.25)$

$=1-0.5987=0.4013$

(4) $P(|Y|<3)=P(-3<Y<3)$

$=\Phi\left(\dfrac{3-1.5}{2}\right)-\Phi\left(\dfrac{-3-1.5}{2}\right)$

$=\Phi(0.75)-\Phi(-2.25)$

$=\Phi(0.75)-[1-\Phi(2.25)]$

$=0.7734-(1-0.9878)$

$=0.7612$

习 题 三

1. 设离散型随机变量的分布律为

$$P(X=i)=p^i\quad(i=1,2,\cdots,n,\cdots)$$

其中，$0<p<1$，求 p 的值.

2. 袋中有 5 个球，分别编号 1,2,3,4,5，从中同时取出 3 个球，以 X 表示取

出的球的最小号码，求 X 的分布律与分布函数．

3. 将一颗骰子投掷两次，以 X_1 表示两次所得点数之和，以 X_2 表示两次中得到的小的点数，试分别求 X_1，X_2 的分布律．

4. 在相同的条件下独立地进行 3 次射击，每次射击时击中目标的概率为 0.25. 求击中目标的次数随机变量 X 的分布律．

5. 设事件 A 在每一次试验中发生的概率为 0.3，当 A 发生不少于 3 次时，指示灯发出信号．

(1) 进行了 5 次独立试验，求指示灯发出信号的概率；

(2) 进行了 7 次独立试验，求指示灯发出信号的概率．

6. 甲、乙两人投篮，投中的概率分别为 0.6，0.7. 现各投 3 次，求：

(1) 两人投中次数相等的概率；

(2) 甲比乙投中次数多的概率．

7. 一台电话交换台每分钟收到呼唤的次数服从参数为 4 的泊松分布．求：

(1) 每分钟恰有 8 次呼唤的概率；

(2) 每分钟的呼唤次数大于 10 的概率．

8. 设随机变量 X 的密度函数为 $f(x)=\begin{cases}2x, & 0<x<A\\ 0, & \text{其他}\end{cases}$

试求：(1) 常数 A；(2) X 的分布函数．

9. 设随机变量 X 的密度函数为 $f(x)=Ae^{-|x|}\ (-\infty<x<\infty)$，试求：

(1) 常数 A；(2) $P(0<X<1)$；(3) X 的分布函数．

10. 某种型号的电子管的寿命 X（单位：h）的概率密度为

$$f(x)=\begin{cases}\dfrac{1000}{x} & x>1000\\ 0, & \text{其他}\end{cases}$$

现有一批此种管子（设各电子管损坏与否相对独立），任取 5 只，问其中至少有 2 只寿命大于 1500h 的概率是多少？

11. 设 k 在 $(0,5)$ 服从均匀分布，求方程 $4x^2+4kx+k+2=0$ 有实根的概率．

12. 设 X 服从 $N(0,1)$，借助于标准正态分布的分布函数表计算：

(1) $P(X\leqslant 2.2)$； (2) $P(X>1.76)$； (3) $P(X<-0.78)$；

(4) $P(|X|\leqslant 1.55)$； (5) $P(|X|>2.5)$．

13. 设 X 服从 $N(-1,16)$，计算：

(1) $P(X\leqslant 2.44)$； (2) $P(X>-1.5)$； (3) $P(X<-2.8)$；

(4) $P(|X|<4)$； (5) $P(-5<X<2)$；(6) $P(|X-1|>1)$．

14. 设 $X \sim N(3,2^2)$，

(1) 求 $P(2<X\leqslant 5)$，$P(-4<X\leqslant 10)$，$P(|X|>2)$，$P(X>3)$；

(2) 确定 c 使 $P(X>c)=P(X\leqslant c)$．

15. 由某机器生产的螺栓的长度（单位：cm）服从参数 $\mu=10.05$，$\sigma=0.06$ 的正态分布．规定长度在 (10.05 ± 0.12) cm 范围内为合格品，求某螺栓为不合格品的概率．

16. 某地抽样调查结果表明，考生的外语成绩（百分制）X 服从正态分布 $N(72,\sigma^2)$，且 96 分以上的考生占考生总数的 2.3%，试求考生的外语成绩在 60～84 分之间的概率．

17. 某种型号电池的寿命 X 近似服从正态分布 $N(\mu,\sigma^2)$，已知其寿命在 250h 以上的概率和寿命不超过 350h 的概率均为 92.36%，为使其寿命在 $(\mu-x)\sim(\mu+x)$ 之间的概率不小于 0.9，x 至少为多大？

第四章　二维随机变量及其分布

本章主要介绍二维随机变量及其取值规律．

第一节　二维随机变量及随机变量的独立性

一、二维随机变量的概念

定义 1　设随机试验 E 的样本空间为 Ω ，X，Y 是定义在 Ω 上的随机变量，则二维向量 (X,Y) 称为**二维随机变量**（2-dimensional random varibable），相应地，称 (X,Y) 的取值规律为**二维分布**．

定义 2　设 (X,Y) 为二维随机变量，称 $F(x,y)=P(X\leqslant x, Y\leqslant y)$ 为的**联合分布函数**（joint distribution function），其中 x,y 是任意实数．称 $F_X(x)=P(X\leqslant x)$ 为 X 的**边缘分布函数**（margial distribution function），$F_Y(y)=P(Y\leqslant y)$ 为 Y 的边缘分布函数．

$$F_X(x)=P(X\leqslant x, Y<+\infty)=\lim_{y\to+\infty}F(x,y)=F(x,+\infty)$$

$$F_Y(y)=P(X<+\infty, Y\leqslant y)=\lim_{x\to+\infty}F(x,y)=F(+\infty,y)$$

联合分布函数 $F(x,y)$ 具有如下的性质：

(1) 对任意的 x,y ，有 $0\leqslant F(x,y)\leqslant 1$ ；

(2) $F(x,y)$ 关于 x ，y 单调不减；

(3) $F(x,y)$ 关于 x ，y 右连续；

(4) $\lim\limits_{\substack{x\to-\infty\\ y\to-\infty}}F(x,y)=0$ ，$\lim\limits_{\substack{x\to+\infty\\ y\to+\infty}}F(x,y)=1$ ，对任一固定 x 有 $\lim\limits_{y\to-\infty}F(x,y)=0$ ，对任一固定 y 有 $\lim\limits_{x\to-\infty}F(x,y)=0$ ；

(5) 对任意的 $x_1 < x_2, y_1 < y_2$ 有

$P(x_1 < X \leqslant x_2, y_1 < Y \leqslant y_2) = F(x_2, y_2) - F(x_2, y_1) - F(x_1, y_2) + F(x_1, y_1)$

二、随机变量的独立性

定义 3 设 (X,Y) 为二维随机变量．若对于任意实数 x,y，有 $F(x, y) = F_X(x) F_Y(y)$，即 $P(X \leqslant x, Y \leqslant y) = P(X \leqslant x) P(Y \leqslant y)$，称 X, Y **相互独立**（mutually independent）．

随机变量 X, Y 的直观含义是 X 的取值与 Y 的取值的概率互不影响．因此在实际中判断 X 与 Y 是否独立，通常看 X 的取值与 Y 的取值相互间是否有影响．

随机变量的独立性定义可以推广到 n 个随机变量 $X_1, X_2, \cdots, X_n$．

n 维随机向量或 $(X_1, \cdots, X_n)$ 联合分布函数为

$$F(x_1, \cdots, x_n) = P(X_1 \leqslant x_1, \cdots, X_n \leqslant x_n)$$

若 $$F(x_1, \cdots, x_n) = \prod_{i=1}^{n} F_{X_i}(x_i) \quad (-\infty < x_1, \cdots, x_n < +\infty)$$

则称 n 个随机变量 $X_1, X_2, \cdots, X_n$ 相互独立．

第二节　二维离散型随机变量

一、二维离散型随机变量的概念

定义 4 若二维随机变量 (X,Y) 的可能取值是有限多对或可数无穷多对，则称 (X,Y) 为**二维离散型随机变量**，称它的分布为**二维离散型分布**．

定义 5 二维离散型随机变量 (X,Y) 可能取的值为 (x_i, y_j) $(i,j = 1,2,\cdots)$，称 $P(X = x_i, Y = y_j) = p_{ij}$ 为 (X,Y) 的**联合分布律**（joint probability distribution），其中 $0 \leqslant P_{ij} \leqslant 1$，$\sum_{j=1} \sum_{i=1} p_{ij} = 1$．

定义 6

称 $$P(X=x_i)=\sum_{j=1}^{\infty}p_{ij}=p_{i\cdot}\quad (i=1,2,\cdots)$$

为 X 的**边缘分布律**.

称 $$P(Y=y_j)=\sum_{i=1}^{\infty}p_{ij}=p_{\cdot j}\quad (j=1,2,\cdots)$$

为 Y 的边缘分布律.

称 $$P(X=x_i\mid Y=y_j)=\frac{P_{ij}}{P_{\cdot j}}\quad (i=1,2,\cdots)$$

为在 $Y=y_j$ 条件下随机变量 X 的**条件分布律**(conditional distribution).

称 $$P(Y=y_j\mid X=x_i)=\frac{P_{ij}}{P_{i\cdot}}\quad (j=1,2,\cdots)$$

为在 $X=x_i$ 条件下随机变量 Y 的条件分布律.

定理 1 设 (X,Y) 为二维离散型随机变量，则 X 与 Y 相互独立等价于

$$p_{ij}=p_{i\cdot}\times p_{\cdot j}\quad (i,j=1,2,\cdots)$$

二维离散型随机变量联合分布律及边缘分布律见表 4.1.

表 4.1 二维离散型随机变量联合分布律及边缘分布律

X \ Y	y_1	y_2	$\cdots$	y_j	$\cdots$	X 的边缘分布律
x_1	p_{11}	p_{12}	$\cdots$	p_{1j}	$\cdots$	$p_{1\cdot}$
x_2	p_{21}	p_{22}	$\cdots$	p_{2j}	$\cdots$	$p_{2\cdot}$
$\vdots$	$\vdots$	$\vdots$	$\vdots$	$\vdots$	$\vdots$	$\vdots$
x_i	p_{i1}	p_{i2}	$\cdots$	p_{ij}	$\cdots$	$p_{i\cdot}$
$\vdots$	$\vdots$	$\vdots$	$\vdots$	$\vdots$	$\vdots$	$\vdots$
Y 的边缘分布律	$p_{\cdot 1}$	$p_{\cdot 2}$	$\cdots$	$p_{\cdot j}$	$\cdots$	1

【例 1】 设随机变量 X 在 1，2，3，4 中等可能地取值，另一个随机变量 Y 在 $1\sim X$ 中等可能地取一整数值，求 (X,Y) 的联合分布律、边缘分布律、条件分布律，并判断 X 与 Y 是否相互独立.

解 由乘法公式求得 (X,Y) 的联合分布律（表 4.2）为

$$P(X=i,Y=j)=P(X=i)P(Y=j\mid X=i)=\frac{1}{4i}\quad (1\leqslant j\leqslant i\leqslant 4)$$

表 4.2 例 1 中 $(X、Y)$ 的联合分布律

X \ Y	1	2	3	4	X 的边缘分布律
1	$\frac{1}{4}$	0	0	0	$\frac{1}{4}$
2	$\frac{1}{8}$	$\frac{1}{8}$	0	0	$\frac{1}{4}$
3	$\frac{1}{12}$	$\frac{1}{12}$	$\frac{1}{12}$	0	$\frac{1}{4}$
4	$\frac{1}{16}$	$\frac{1}{16}$	$\frac{1}{16}$	$\frac{1}{16}$	$\frac{1}{4}$
Y 的边缘分布律	$\frac{25}{48}$	$\frac{13}{48}$	$\frac{7}{48}$	$\frac{1}{16}$	1

容易求得边缘分布律并可验证 X 与 Y 不是相互独立的．

由 $P(Y=j\,|\,X=1)=\frac{p_{1j}}{p_{1\cdot}}$ $(j=1,\ 2,\ 3,\ 4)$

得到在 $X=1$ 的条件下，Y 的分布律为

Y	1	2	3	4
P	1	0	0	0

其余部分读者自行计算．

二、二维离散型随机变量函数的分布

此处用例题进行说明．

【例 2】 设二维离散型随机变量 (X,Y) 的联合分布律为

X \ Y	0	1
−1	0.2	0.1
0	0	0.3
1	0.2	0.2

求：(1) $Z=2X+Y$；(2) $Z=XY$ 的分布律．

解 由 (X,Y) 的联合分布律可列出下表：

P_k	0.2	0.1	0	0.3	0.2	0.2
(X,Y)	(−1, 0)	(−1, 1)	(0, 0)	(0, 1)	(1, 0)	(1, 1)
$2X+Y$	−2	−1	0	1	2	3
XY	0	−1	0	0	0	1

(1) $Z=2X+Y$ 的分布律为

Z	-2	-1	0	1	2	3
P_k	0.2	0.1	0	0.3	0.2	0.2

(2) $Z=XY$ 的分布律为

Z	-1	0	1
P_k	0.1	0.7	0.2

第三节　二维连续型随机变量

一、二维连续型随机变量的概念

定义 7　$F(x,y)$ 为二维随机变量 (X,Y) 的联合分布函数，如果存在一个二元非负实值函数 $f(x,y)$，使得对任何 x,y 有

$$F(x,y)=\int_{-\infty}^{x}\int_{-\infty}^{y}f(x,y)\mathrm{d}y\mathrm{d}x$$

则称 (X,Y) 为**二维连续型随机变量**，$f(x,y)$ 为二维随机变量 (X,Y) 的**联合概率密度** (joint probability density function)，简称联合密度函数.

联合密度函数 $f(x,y)$ 具有下列性质：

(1) $f(x,y)\geqslant 0$；

(2) $\int_{-\infty}^{+\infty}\int_{-\infty}^{+\infty}f(x,y)\mathrm{d}x\mathrm{d}y=1$；

(3) $P((x,y)\in D)=\iint\limits_{D}f(x,y)\mathrm{d}x\mathrm{d}y$，其中 D 为 xOy 平面内任一区域；

(4) $F(x,y)$为连续函数，且在 $f(x,y)$的连续点处，$\dfrac{\partial^2 F(x,y)}{\partial x\partial y}=f(x,y)$.

定义 8　称　$f_X(x)=\int_{-\infty}^{+\infty}f(x,y)\mathrm{d}y\quad(-\infty<x<+\infty)$

为 X 的**边缘密度函数**. 称

$$f_Y(y)=\int_{-\infty}^{+\infty}f(x,y)\mathrm{d}x\ (-\infty<y<+\infty)$$

为 Y 的边缘密度函数.

定义 9 称 $f_{X|Y}(x|y)=\dfrac{f(x,y)}{f_Y(y)}$ 为在 $Y=y$ 条件下 X 的条件概率密度；称 $f_{Y|X}(y|x)=\dfrac{f(x,y)}{f_X(x)}$ 为在 $X=x$ 条件下 Y 的条件概率密度.

定理 2 设 (X,Y) 为二维连续型随机变量，则 X 与 Y 相互独立等价于

$$f(x,y)=f_X(x)f_Y(y)$$

【例 3】 设二维随机变量 (X,Y) 的联合密度函数为

$$f(x,y)=\begin{cases}c\mathrm{e}^{-(x+y)}, & x>0,y>0\\ 0, & \text{其他}\end{cases}$$

求：(1) 常数 c；(2) $P(X\geqslant Y)$；(3) 边缘密度函数；(4) 条件密度函数；(5) 判断 X，Y 的独立性.

解 (1) 由 $\int_{-\infty}^{+\infty}\int_{-\infty}^{+\infty}f(x,y)\mathrm{d}x\mathrm{d}y=1$，得

$$\int_0^{+\infty}\int_0^{+\infty}c\mathrm{e}^{-(x+y)}\mathrm{d}x\mathrm{d}y=1$$

因 $$\int_0^{+\infty}\int_0^{+\infty}c\mathrm{e}^{-(x+y)}\mathrm{d}x\mathrm{d}y=c\int_0^{+\infty}\mathrm{e}^{-x}\mathrm{d}x\int_0^{+\infty}\mathrm{e}^{-y}\mathrm{d}y=c$$

解得 $c=1$.

(2) $$P(X\geqslant Y)=\iint\limits_{x\geqslant y}f(x,y)\mathrm{d}x\mathrm{d}y=\int_0^{+\infty}\mathrm{d}x\int_0^x\mathrm{e}^{-(x+y)}\mathrm{d}y=\frac{1}{2}$$

(3) $$f_X(x)=\int_{-\infty}^{+\infty}f(x,y)\mathrm{d}y=\int_0^{+\infty}\mathrm{e}^{-x-y}\mathrm{d}y=\mathrm{e}^{-x}$$

$$f_Y(y)=\int_{-\infty}^{+\infty}f(x,y)\mathrm{d}x=\int_0^{+\infty}\mathrm{e}^{-x-y}\mathrm{d}x=\mathrm{e}^{-y}$$

(4) $$f_{X|Y}(x|y)=\frac{f(x,y)}{f_Y(y)}=\mathrm{e}^{-x}$$

$$f_{Y|X}(y|x)=\frac{f(x,y)}{f_X(x)}=e^{-y}$$

(5) $f(x,y)=e^{-x-y}=f_X(x)f_Y(y)$

故 X，Y 相互独立．

二、二维连续型随机变量函数的分布

1. $Z=X+Y$ 的分布

设 (X,Y) 的联合密度函数为 $f(x,y)$，则由分布函数的定义知，$Z=X+Y$ 的分布函数为

$$F_Z(z)=P(Z\leqslant z)=P(X+Y\leqslant z)=\iint\limits_{x+y\leqslant z}f(x,y)\mathrm{d}x\mathrm{d}y$$

这里的积分区域 $x+y\leqslant z$ 是直线 $x+y=z$ 及其下面的半平面．

定理 3（卷积公式）　若 (X,Y) 的联合密度为 $f(x,y)$，则 $Z=X+Y$ 的密度函数为

$$f_Z(z)=\int_{-\infty}^{+\infty}f(x,z-x)\mathrm{d}x$$

或

$$f_Z(z)=\int_{-\infty}^{+\infty}f(z-y,y)\mathrm{d}y$$

当 X 与 Y 相互独立时，有

$$f_Z(z)=\int_{-\infty}^{+\infty}f_X(x)f_Y(z-x)\mathrm{d}x$$

或

$$f_Z(z)=\int_{-\infty}^{+\infty}f_X(z-y)f_Y(y)\mathrm{d}y$$

【例 4】 设随机变量 X 和 Y 相互独立，且它们都服从 $N(0,1)$，证明：$Z=X+Y$ 服从 $N(0,2)$．

证　$f_Z(z)=\int_{-\infty}^{+\infty}f_X(x)f_Y(z-x)\mathrm{d}x=\frac{1}{2\pi}\int_{-\infty}^{+\infty}e^{-\frac{x^2+(z-x)^2}{2}}\mathrm{d}x$

$$=\frac{1}{2\pi}e^{-\frac{z^2}{4}}\int_{-\infty}^{+\infty}e^{-\left(x-\frac{z}{2}\right)^2}\mathrm{d}x$$

$$=\frac{1}{2\pi}e^{-\frac{z^2}{4}}\sqrt{\pi}=\frac{1}{\sqrt{2\pi}\times\sqrt{2}}e^{-\frac{z^2}{2(\sqrt{2})^2}}$$

故 $Z=X+Y$ 服从 $N(0,2)$．

定理 4　若随机变量 X 和 Y 相互独立，且 $X\sim N(\mu_1,\sigma_1^2)$，

$Y \sim N(\mu_2, \sigma_2^2)$，则

$$X+Y \sim N(\mu_1+\mu_2, \sigma_1^2+\sigma_2^2)$$

推论 若 $X_i \sim N(\mu_i, \sigma_i^2)$，$i=1,2,\cdots,n$，且它们相互独立，则它们的线性组合

$X=C_1X_1+C_2X_2+\cdots+C_nX_n$ （$C_1,C_2,\cdots,C_n$是不全为零的常数）

仍服从正态分布，即 $X \sim N(\sum_{i=1}^{n} C_i\mu_i, \sum_{i=1}^{n} C_i^2\sigma_i^2)$.

2. $Z_1=\max(X,Y)$ 及 $Z_2=\min(X,Y)$ 的分布

设 X 和 Y 是相互独立的两个随机变量，它们的分布函数分别为 $F_X(x)$ 和 $F_Y(y)$，则 $Z_1=\max(X,Y)$ 及 $Z_2=\min(X,Y)$ 的分布函数如下．

$$\begin{aligned} F_{Z_1}(z) &= P(Z_1 \leqslant z) = P(\max(X,Y) \leqslant z) \\ &= P(X \leqslant z, Y \leqslant z) \\ &= P(X \leqslant z)P(Y \leqslant z) \end{aligned}$$

即
$$F_{Z_1}(z) = F_X(z)F_Y(z)$$

类似可得

$$\begin{aligned} F_{Z_2}(z) &= P(Z_2 \leqslant z) = P(\min(X,Y) \leqslant z) \\ &= 1-P(\min(X,Y) > z) \\ &= 1-P(X > z, Y > z) \\ &= 1-P(X > z)P(Y > z) \\ &= 1-[1-P(X \leqslant z)][1-P(Y \leqslant z)] \end{aligned}$$

即
$$F_{Z_2}(z) = 1-[1-F_X(z)][1-F_Y(z)]$$

三、常见的二维连续型随机变量的联合分布

1. 二维均匀分布

如果 (X,Y) 的联合密度函数为

$$f(x,y)=\begin{cases} \dfrac{1}{G\text{的面积}}, & (x,y) \in G \\ 0, & \text{其他} \end{cases}$$

其中 G 是平面上某个区域，则称二维随机变量 (X,Y) 服从区域 G 上的均匀分布，记为$(X,Y) \sim U(G)$.

2. 二维正态分布

如果 (X,Y) 的联合密度函数为

$$f(x,y)=\frac{1}{2\pi\sigma_1\sigma_2\sqrt{1-\rho^2}}\exp\left\{\frac{-1}{2(1-\rho^2)}\left[\frac{(x-\mu_1)^2}{\sigma_1^2}-2\rho\frac{(x-\mu_1)(y-\mu_2)}{\sigma_1\sigma_2}+\frac{(y-\mu_2)^2}{\sigma_2^2}\right]\right\}$$

其中 $\mu_1,\mu_2,\sigma_1,\sigma_2,\rho$ 均为常数，且 $\sigma_1>0,\sigma_2>0,-1<\rho<1$，则称 (X,Y) 服从**二维正态分布**，记作 $(X,Y)\sim N(\mu_1,\mu_2,\sigma_1^2,\sigma_2^2,\rho)$.

容易得到 X 的边缘密度函数为

$$f_X(x)=\frac{1}{\sqrt{2\pi}\sigma_1}e^{-\frac{(x-\mu_1)^2}{2\sigma_1^2}}\quad(-\infty<x<+\infty)$$

Y 的边缘密度函数为

$$f_Y(y)=\frac{1}{\sqrt{2\pi}\sigma_2}e^{-\frac{(x-\mu_2)^2}{2\sigma_2^2}}\quad(-\infty<y<+\infty)$$

即 $X\sim N(\mu_1,\sigma_1^2)$，$Y\sim N(\mu_2,\sigma_2^2)$. 因此，$X$ 与 Y 相互独立的条件是 $\rho=0$.

习 题 四

1. 把三个球以等可能概率投入三个盒子中，设随机变量 X 与 Y 分别表示投入第一个与第二个盒子的球数，求 (X,Y) 的联合分布律及关于 X,Y 的边缘分布律.
2. 设随机变量 X 与 Y 相互独立，下表列出了二维随机变量 (X,Y) 的分布律及关于 X 和关于 Y 的边缘分布律中的部分数值，试将其余数值填入下表中.

X \ Y	y_1	y_2	y_3	X 的边缘分布律
x_1		$\frac{1}{8}$		
x_2	$\frac{1}{8}$			
Y 的边缘分布律	$\frac{1}{6}$			1

3. 设二维随机变量 (X,Y) 的概率密度为

$$f(x,y)=\begin{cases}Ae^{-(2x+3y)}, & x>0,y>0\\ 0, & \text{其他}\end{cases}$$

求：(1) 系数 A；(2) (X,Y) 的分布函数 $F(x,y)$；(3) (X,Y) 落在 $D=\{(x,y)|x>0,y>0,2x+3y<6\}$ 内的概率．

4. 一电子仪器由两个部件构成，以 X 和 Y 分别表示这两个部件的寿命（单位：1000h）．已知 X 和 Y 的联合分布函数为

$$F(x,y)=\begin{cases}1-e^{-0.5x}-e^{-0.5y}+e^{-0.5(x+y)}, & x\geqslant 0,y\geqslant 0\\ 0, & \text{其他}\end{cases}$$

问 X 与 Y 是否相互独立？并求两个寿命都超过 100h 的概率．

5. 设二维随机变量 (X,Y) 的概率密度为

$$f(x,y)=\begin{cases}4.8y(2-x), & 0\leqslant x\leqslant 1,0\leqslant y\leqslant x\\ 0, & \text{其他}\end{cases}$$

求边缘概率密度．

6. 设随机变量 (X,Y) 的密度函数为

$$f(x,y)=\begin{cases}1, & |y|<x,0<x<1\\ 0, & \text{其他}\end{cases}$$

求：(1) (X,Y) 的边缘密度函数；(2) 条件概率密度 $f_{Y|X}(y|x)$，$f_{X|Y}(x|y)$．

7. 若随机变量 X 与 Y 独立，且 $X\sim B(m,p)$，$Y\sim B(n,p)$，证明：$X+Y\sim B(m+n,p)$．

第五章　随机变量的数字特征

随机变量的分布函数全面地描述了随机现象的统计规律，但在一些实际问题中，随机变量的分布函数并不容易求得；而且，有一些实际问题并不需要去全面考察随机变量的变化情况，只需知道随机变量的某些特征指标．例如，在测量某零件的长度时，时常关心的是这个零件的平均长度以及测量结果对平均值的偏离程度；又如，检查一批棉花的质量时既需要注意纤维的平均长度，又需要注意纤维长度与平均长度的偏离程度，平均长度较大、偏离程度较小，质量就较好．由上面的例子可知，与随机变量有关的某些数值，虽然不能全面地描述随机变量，但能描述随机变量在某些方面的重要特征．这些数字特征在理论和实践上都具有重要的意义．本章将介绍随机变量的常用数字特征：数学期望、方差、相关系数．

第一节　数学期望

一、数学期望的概念

定义 1　设离散型随机变量 X 的分布律为

X	x_1	x_2	…	x_i	…
P	p_1	p_2	…	p_i	…

其中 $p_i = P(X = x_i)$，若级数 $\sum\limits_i x_i p_i$ 绝对收敛，则称级数 $\sum\limits_i x_i p_i$ 的和为随机变量 X 的**数学期望**（mathematical expectation），记为 $E(X)$，即 $E(X) = \sum\limits_i x_i p_i$，数学期望简称**期望**，又称为**均值**．

【例 1】 甲、乙两人进行射击，所得分数分别记为 X_1 , X_2 ，它们的分布律分别为

X_1	0	1	2
p_i	0	0.2	0.8

X_2	0	1	2
p_i	0.6	0.3	0.1

试评定他们成绩的好坏．

解 $E(X_1)=0\times 0+1\times 0.2+2\times 0.8=1.8$ (分)

$E(X_2)=0\times 0.6+1\times 0.3+2\times 0.1=0.5$ (分)

很明显，乙的成绩不如甲的成绩．

常见离散分布期望：

(1) $X\sim B(1,p)$, $E(X)=p$ ；

(2) $X\sim B(n,p)$, $E(X)=np$ ；

(3) $X\sim G(p)$, $E(X)=\dfrac{1}{p}$ ；

(4) $X\sim H(n,M,N)$, $E(X)=\dfrac{nM}{N}$ ；

(5) $X\sim P(\lambda)$, $E(X)=\lambda$ ．

定义 2 设连续型随机变量 X 的概率密度为 $f(x)$ ，若积分 $\int_{-\infty}^{+\infty}xf(x)\mathrm{d}x$ 绝对收敛，则称积分 $\int_{-\infty}^{+\infty}xf(x)\mathrm{d}x$ 的值为随机变量 X 的数学期望，记为 $E(X)$ ，即 $E(X)=\int_{-\infty}^{+\infty}xf(x)\mathrm{d}x$.

常见连续分布期望：

(1) $X\sim U(a,b)\ (a<b)$, $E(X)=\dfrac{a+b}{2}$ ；

(2) $X\sim E(\lambda)$, $E(X)=\dfrac{1}{\lambda}$ ；

(3) $X\sim N(\mu,\sigma^2)$, $E(X)=\mu$.

下面举例介绍随机变量的函数的数学期望．

【例 2】 设 X 的分布律为

X	0	1	2
P	0.2	0.4	0.4

求：$E(X^2)$，$E(2X-1)$.

解 $E(X^2)=0^2\times0.2+1^2\times0.4+2^2\times0.4=2$

$$E(2X-1)=(2\times0-1)\times0.2+(2\times1-1)\times0.4+(2\times2-1)\times0.4=1.4$$

【例 3】 设随机变量 X 的概率密度为

$$f(x)=\begin{cases}e^{-x}, & x>0\\ 0, & x\leqslant 0\end{cases}$$

求 $Y=e^{-3X}$ 的数学期望.

解 $E(Y)=\int_{-\infty}^{+\infty}e^{-3x}f(x)dx=\int_{0}^{+\infty}e^{-3x}e^{-x}dx$

$$=\int_{0}^{+\infty}e^{-4x}dx=\frac{1}{4}$$

【例 4】 设 (X,Y) 服从 A 上的均匀分布，其中 A 为由 x 轴、y 轴及直线 $x+y=1$ 围成的平面三角形区域，求 $E(3X+Y)$.

解 $f(x,y)=\begin{cases}2, & (x,y)\in A\\ 0, & \text{其他}\end{cases}$

则
$$E(3X+Y)=\int_{-\infty}^{+\infty}\int_{-\infty}^{+\infty}(3x+y)f(x,y)dxdy$$
$$=\int_{-\infty}^{+\infty}\int_{-\infty}^{+\infty}2(3x+y)dxdy$$
$$=2\int_{0}^{1}dx\int_{0}^{1-x}(3x+y)dy$$
$$=\int_{0}^{1}(5x^2-4x-1)dx$$
$$=-\frac{4}{3}$$

二、数学期望的性质

(1) 设 c 是常数，则有 $E(c)=c$；

(2) 设 X 是一个随机变量，c 是常数，则有 $E(cX)=cE(X)$；

(3) 设 X,Y 是两个随机变量，则有 $E(X+Y)=E(X)+E(Y)$；

(4) 设 X,Y 是两个相互独立的随机变量，则有 $E(XY)=E$

$(X)E(Y)$.

【例 5】 一辆客车载有20位乘客，途经10个车站，车上乘客只下不上，如到达一个车站没有乘客下车就不停车．设 X 为停车的次数，求 $E(X)$（设每位乘客在各个车站下车是等可能的，并设各乘客是否下车相互独立）．

解 设

$$X_i=\begin{cases}0, & \text{在第 } i \text{ 站没有人下车}\\ 1, & \text{在第 } i \text{ 站有人下车}\end{cases} \quad (i=1,2,\cdots,10)$$

则 $P(X_i=0)=\left(\dfrac{9}{10}\right)^{20}$ $P(X_i=1)=1-\left(\dfrac{9}{10}\right)^{20}$ $(i=1,2,\cdots,10)$

故
$$E(X_i)=1-\left(\frac{9}{10}\right)^{20} \quad (i=1,2,\cdots,10)$$

$$\begin{aligned}E(X)&=E(X_1+X_2+\cdots+X_{10})=E(X_1)+E(X_2)+\cdots+E(X_{10})\\&=10\left[1-\left(\frac{9}{10}\right)^{20}\right]=8.784\ (\text{次})\end{aligned}$$

第二节 方差和标准差

一、方差的概念

定义 3 设 X 是一个随机变量，若 $E\{[X-E(X)]^2\}$ 存在，则称 $E\{[X-E(X)]^2\}$ 为 X 的**方差**（variance），记为 $D(X)$，即

$$D(X)=E\{[X-E(X)]^2\}$$

在实际应用中，为了与 X 的单位一致，又引入了 $\sqrt{D(X)}$，记为 $\sigma(X)$，称为**标准差**（standard deviation）或**均方差**（mean square deviation）．

【例 6】 证明 $D(X)=E(X^2)-[E(X)]^2$．

证 由数学期望的性质得

$$\begin{aligned}D(X)&=E\{[X-E(X)]^2\}=E\{X^2-2XE(X)+[E(X)]^2\}\\&=E(X^2)-2E(X)E(X)+[E(X)]^2\\&=E(X^2)-[E(X)]^2\end{aligned}$$

二、常见分布的方差

(1) $X \sim B(1,p)$, $D(X) = p(1-p)$;

(2) $X \sim B(n,p)$, $D(X) = np(1-p)$;

(3) $X \sim P(\lambda)$, $D(X) = \lambda$;

(4) $X \sim G(p)$, $D(X) = \dfrac{1-p}{p^2}$;

(5) $X \sim H(n,M,N)$, $D(X) = \dfrac{nM}{N}\left(1-\dfrac{M}{N}\right)\left(1-\dfrac{N-n}{N-1}\right)$;

(6) $X \sim U(a,b)\ (a<b)$, $D(X) = \dfrac{(b-a)^2}{12}$;

(7) $X \sim E(\lambda)$, $D(X) = \dfrac{1}{\lambda^2}$;

(8) $X \sim N(\mu,\sigma^2)$, $D(X) = \sigma^2$.

常见分布的分布律或概率密度以及期望和方差见附表 1.

三、方差的性质

(1) 设 c 是常数，则有 $D(c) = 0$;

(2) 设 X 是一个随机变量，c 是常数，则有 $D(cX)=c^2D(X)$;

(3) 设 X,Y 是两个随机变量，则有

$$D(X+Y)=D(X)+D(Y)+2E\{[X-E(X)][Y-E(Y)]\}$$

若 X,Y 相互独立，则有 $D(X\pm Y)=D(X)+D(Y)$.

第三节　协方差、相关系数和矩

本节讨论用来描述两个随机变量之间的相互关系的数字特征 .

一、协方差的概念

定义 4　$E\{[X-E(X)][Y-E(Y)]\}$ 称为随机变量 X 与 Y 的**协方差** (covariance)，记为 $\mathrm{Cov}(X,Y)$ ，即

$$\mathrm{Cov}(X,Y) = E\{[X-E(X)][Y-E(Y)]\}$$

将 $\mathrm{Cov}(X,Y)$ 的定义式展开，可得

$$\mathrm{Cov}(X,Y) = E(XY) - E(X)E(Y)$$

二、协方差的性质

(1) $\mathrm{Cov}(X,Y)=\mathrm{Cov}(Y,X)$；

(2) $\mathrm{Cov}(X,X)=D(X)$；

(3) $\mathrm{Cov}(aX,bY)=ab\mathrm{Cov}(X,Y)$，$a,b$ 是常数；

(4) $\mathrm{Cov}(X_1+X_2,Y)=\mathrm{Cov}(X_1,Y)+\mathrm{Cov}(X_2,Y)$；

(5) $D(X+Y)=DX+DY\pm 2\mathrm{Cov}(X,Y)$．

三、相关系数

定义 5　$\rho_{XY}=\dfrac{\mathrm{Cov}(X,Y)}{\sqrt{D(X)}\sqrt{D(Y)}}$ 称为随机变量 X 与 Y 的**相关系数**（correlation coefficient）**或标准协方差**（standard covariance）．

【例 7】 设 (X,Y) 的分布律为

X \ Y	0	1	2	Σ
0	0.1	0.2	0.1	0.4
1	0.2	0.1	0.3	0.6
Σ	0.3	0.3	0.4	1

求 $\mathrm{Cov}(X,Y)$，ρ_{XY}．

解　$E(X)=0\times0.4+1\times0.6=0.6$

$$E(Y)=0\times0.3+1\times0.3+2\times0.4=1.1$$

XY	0	1	2
P	0.6	0.1	0.3

故　$E(XY)=0\times0.6+1\times0.1+2\times0.3=0.7$

则　$\mathrm{Cov}(X,Y)=E(XY)-E(X)E(Y)=0.7-0.6\times1.1=0.04$

$$E(X^2)=0^2\times0.4+1^2\times0.6=0.6$$

$$E(Y^2)=0^2\times0.3+1^2\times0.3+2^2\times0.4=1.9$$

又　$D(X)=E(X^2)-[E(X)]^2=0.6-(0.6)^2=0.24$

$$D(Y)=E(Y^2)-[E(Y)]^2=1.9-(1.1)^2=0.69$$

故　$\rho_{XY}=\dfrac{\mathrm{Cov}(X,Y)}{\sqrt{D(X)}\sqrt{D(Y)}}=\dfrac{0.04}{\sqrt{0.24}\times\sqrt{0.69}}=\dfrac{\sqrt{46}}{69}$

相关系数 ρ_{XY} 是一个无量纲的量，有如下性质：

(1) $|\rho_{XY}| \leqslant 1$；

(2) 当 $\rho_{XY} = 0$ 时，称 X 和 Y 不相关；

(3) 当 $|\rho_{XY}| = 1$ 时，称 X 和 Y 完全相关，其充要条件为存在常数 $a(a \neq 0), b$ 使得 $P(Y = aX + b) = 1$.

上述性质说明 X 与 Y 的相关系数是衡量 X 与 Y 之间线性相关程度的量. 当 $\rho_{XY} = 1$ 时，Y 随 X 的增大而线性增大，此时称 X 与 Y **线性正相关**（positive correlation）；当 $\rho_{XY} = -1$ 时，Y 随 X 的增大而线性减小，此时称 X 与 Y **线性负相关**（negative correlation）；当 $\rho_{XY} = 0$ 时，X 与 Y 之间不存在线性关系，此时称 X 与 Y **不相关**（uncorrelated）.

X 与 Y 不相关指的是没有线性关系，并非没有其他关系. 例如 $Y=X^2$，X 与 Y 之间没有线性关系，但却有二次函数关系.

需要注意的是，独立与不相关都是随机变量之间相互联系程度的一种反映，独立指的是 X 与 Y 没有任何关系，不相关指的是 X 与 Y 之间没有线性关系. 若 X 与 Y 独立，则 X 与 Y 一定不相关；但反过来，若 X 与 Y 不相关，则 X 与 Y 却未必不独立.

对于二维正态分布，X 与 Y 的独立性和不相关性是等价的. 这是因为如果 $(X,Y) \sim N(\mu_1, \mu_2, \sigma_1^2, \sigma_2^2, \rho)$，则 $\mathrm{Cov}(X,Y) = \rho\sigma_1\sigma_2$，而 $\rho_{XY} = \dfrac{\mathrm{Cov}(X,Y)}{\sqrt{D(X)}\sqrt{D(Y)}} = \rho$.

四、矩（moment）

定义 6 设 X 是随机变量，若

$$E(X^k) \quad (k = 1, 2, \cdots)$$

存在，称它为 X 的 **k 阶原点矩**，简称 k 阶矩.

若

$$E[X - E(X)]^k \quad (k = 1, 2, \cdots)$$

存在，称它为 X 的 **k 阶中心距**.

X 的数学期望 $E(X)$ 是 X 的一阶原点矩，方差 $D(X)$ 是 X 的二阶中心矩.

习 题 五

1. 设随机变量 X 的分布律为

X	-1	0	1	2
P	0.1	0.3	0.2	0.4

求：(1) $E(X)$； (2) $E(2X-1)$； (3) $E(X^2)$； (4) $E(2X^2+1)$； (5) $D(X)$.

2. 设随机变量 X 的分布律为 $P\left(X=(-1)^{k+1}\dfrac{2^k}{k}\right)=\dfrac{1}{2^k}$，$k=1,2,\cdots$，判断 X 的数学期望是否存在.

3. 设随机变量 $X\sim B(n,p)$，且 $E(X)=0.6$，$E[(X+1)(X+2)]=4.64$，求 n,p 的值.

4. 一辆汽车在开往目的地的道路上需经过三组信号灯，每组信号灯为红或绿，且红、绿信号灯显示的时间相等，以 X 表示汽车首次遇到红灯前已通过的信号灯的组数（设各组信号灯的工作是相互独立的），求：(1) $E(3X+1)$；(2) $D(2X-1)$.

5. 袋中有 10 张卡片，记有号码 $1,2,\cdots,10$，现从中有放回地抽出 3 张卡片，设 X 为号码之和，求 $E(X)$.

6. 设随机变量 X 的概率密度为

$$f(x)=\begin{cases}3x^2, & 0<x<1\\ 0, & \text{其他}\end{cases}$$

求：(1) $E(X)$；(2) $D(X)$.

7. 设随机变量 X 的概率密度为

$$f(x)=\begin{cases}e^x, & x<0\\ 0, & \text{其他}\end{cases}$$

求：(1) $E(3X)$；(2) $E(2X-e^{2X})$；(3) $D(X)$.

8. 设随机变量 X 的概率密度为

$$f(x)=\begin{cases}ax^2+bx+3, & 0<x<1\\ 0, & \text{其他}\end{cases}$$

已知 $E(X)=0.5$，求 a,b.

9. 设随机变量 (X,Y) 的分布律为

X \ Y	−1	1	2
0	0.2	0	0.4
1	0.1	0.3	0

求：(1) $E(X)$；(2) $E(Y)$；(3) $E[(X+Y)^2]$；(4) $D(X)$；(5) $D(Y)$；(6) $\mathrm{Cov}(X,Y)$；(7) ρ_{XY}.

10. 设二维随机变量 (X,Y) 的概率密度为

$$f(x,y)=\begin{cases}\frac{1}{2}\sin(x+y), & 0\leqslant x\leqslant \frac{\pi}{2}, 0\leqslant y\leqslant \frac{\pi}{2}\\ 0, & \text{其他}\end{cases}$$

求：(1) $E(X)$；(2) $E(Y)$；(3) $E(XY)$；(4) $D(X)$；(5) $D(Y)$.

11. 设二维随机变量 (X,Y) 服从 A 上的均匀分布，其中 A 为由 x 轴、y 轴及直线 $\frac{x}{2}+y=1$ 围成的平面三角形区域，求：(1) $E(X)$；(2) $E(XY)$；(3) $D(X)$.

12. 设二维随机变量 (X,Y) 的概率密度为

$$f(x,y)=\begin{cases}12y^2, & 0\leqslant y\leqslant x\leqslant 1\\ 0, & \text{其他}\end{cases}$$

求：(1) $E(X)$；(2) $E(Y)$；(3) $E(XY)$；(4) $E(X^2+Y^2)$

13. 设随机变量 X,Y 相互独立，且 $X\sim N(1,4), Y\sim N(4,1)$，求：(1) $E(2X-Y+1)$；(2) $D(2X-Y+1)$.

14. 设随机变量 X,Y 相互独立，且 $X\sim U(1,7)$，Y 服从参数为 $\frac{1}{2}$ 的指数分布，求：(1) $E(2XY)$；(2) $D(2X-Y)$.

15. 设随机变量 $X\sim N(0,9), Y\sim N(0,4)$，$\rho_{XY}=-\frac{1}{4}$，求：(1) $D(X+2Y)$；(2) $D(X-Y)$.

第六章　大数定律与中心极限定理

研究随机现象的统计规律必须建立在对大量随机现象考察的基础之上，为此必须采用极限方法．大数定律（law of large numbers）和中心极限定理（central limit theorem）正是利用极限方法来研究随机现象的统计规律的，它们也是数理统计有关问题的理论基础．

第一节　大数定律

一、切比雪夫不等式

对于随机变量 X，设 $E(X)=\mu$，$D(X)=\sigma^2$，则对任意的 $\varepsilon>0$，有

$$P(|X-\mu|>\varepsilon)\leqslant\frac{\sigma^2}{\varepsilon^2}.$$

切比雪夫不等式也可以写成如下的形式：

$$P(|X-\mu|\leqslant\varepsilon)\geqslant 1-\frac{\sigma^2}{\varepsilon^2}$$

在实践中，人们认识到随着试验次数的增加，测量值的算术平均值逐渐稳定于某个常数，这就是下面提到的两个大数定律所揭示的本质含义．

二、伯努利大数定律

设 $X_1,X_2,\cdots$ 独立同分布，且 $E(X_i)=\mu$，$D(X_i)=\sigma^2$ $(i=1,2,\cdots)$存在，设 $\overline{X}_n=\frac{1}{n}\sum\limits_{i=1}^{n}X_i$，则对任意的 $\varepsilon>0$，有

$$\lim_{n\to\infty} P(|\overline{X}_n-\mu|\leqslant\varepsilon)=1$$

证明 易知 $E(\overline{X}_n)=\mu$, $D(\overline{X}_n)=\dfrac{\sigma^2}{n}$ ，根据切比雪夫不等式，当 $n\to\infty$ ，对任意的 $\varepsilon>0$ ，有

$$1\geqslant P(|\overline{X}_n-\mu|\leqslant\varepsilon)=P(|\overline{X}_n-E(\overline{X}_n)|\leqslant\varepsilon)\geqslant 1-\frac{D(\overline{X}_n)}{\varepsilon^2}$$

$$=1-\frac{\sigma^2}{n\varepsilon^2}\to 1$$

三、切比雪夫大数定律

设 $X_1,X_2,\cdots$ 是相互独立的随机变量序列，其期望与方差都存在，且存在常数 C ，使 $D(X_i)\leqslant C(i=1,2,\cdots)$ ，则对任意的 $\varepsilon>0$ ，有

$$\lim_{n\to\infty} P\left(\left|\frac{1}{n}\sum_{i=1}^{n}X_i-\frac{1}{n}\sum_{i=1}^{n}E(X_i)\right|\leqslant\varepsilon\right)=1$$

证明 $E\left(\dfrac{1}{n}\sum\limits_{i=1}^{n}X_i\right)=\dfrac{1}{n}\sum\limits_{i=1}^{n}E(X_i)$, $D\left(\dfrac{1}{n}\sum\limits_{i=1}^{n}X_i\right)=\dfrac{1}{n^2}\sum\limits_{i=1}^{n}D(X_i)\leqslant\dfrac{1}{n^2}\times nC=\dfrac{C}{n}$ ，根据切比雪夫不等式，当 $n\to\infty$ ，对任意的 $\varepsilon>0$ ，有

$$1\geqslant P\left(\left|\frac{1}{n}\sum_{i=1}^{n}X_i-\frac{1}{n}\sum_{i=1}^{n}E(X_i)\right|\leqslant\varepsilon\right)\geqslant 1-\frac{1}{\varepsilon^2}D\left(\frac{1}{n}\sum_{i=1}^{n}X_i\right)$$

$$\geqslant 1-\frac{C}{n\varepsilon^2}\to 1$$

四、辛钦大数定律

该定律是独立同分布随机变量序列的大数定律．设随机变量 $X_1,X_2,\cdots$ 独立同分布，且数学期望为 $E(X_k)=\mu\,(k=1,2,\cdots)$，则对于任意正数 ε ，有

$$\lim_{n\to\infty} P\left(\left|\frac{1}{n}\sum_{i=1}^{n}X_i-\mu\right|<\varepsilon\right)=1$$

第二节　中心极限定理

在实践中，人们发现许多随机现象中的量都服从或近似服从正态分布．中心极限定理指出，大量相互独立的随机变量之和在适当的条件下近似服从正态分布，这就从理论上解释了上述现象．

对于随机变量 $X_1, X_2, \cdots$ 独立同分布，且 $X_i \sim B(1, p)$ $(i=1,2,\cdots)$，则 $\sum\limits_{i=1}^{n} X_i \sim B(n, p)$．

一、棣莫弗-拉普拉斯中心极限定理

该定理是独立同分布的中心极限定理．设 $X_1, X_2, \cdots$ 是一个独立同分布的随机变量序列，且 $X_i \sim B(1,p)\,(i=1,2,\cdots)$，则对任意的 $x \in (-\infty, +\infty)$，有

$$\lim_{n\to\infty} P\left(\frac{\sum\limits_{i=1}^{n} X_i - np}{\sqrt{np(1-p)}} \leqslant x\right) = \frac{1}{\sqrt{2\pi}}\int_{-\infty}^{x} \mathrm{e}^{-\frac{t^2}{2}}\,\mathrm{d}t$$

这个定理说明：$\sum\limits_{i=1}^{n} X_i \sim B(n,p)$，当 n 充分大时，$\sum\limits_{i=1}^{n} X_i$ 近似地服从 $N(np, np(1-p))$，即二项分布以正态分布为极限分布．

【例 1】 一个复杂的系统，由 100 个相互独立起作用的部件组成．在整个运行期间，每个部件损坏的概率为 0.1，为了使整个系统起作用，至少需 85 个部件工作，求整个系统工作的概率．

解 设整个系统中正常工作的部件数目为 X，$n=100$，$p=0.9$，则 $X \sim B(100.0.9)$，$np=90$，$np(1-p)=9$．

根据棣莫弗-拉普拉斯中心极限定理，有 X 近似地服从 $N(90, 3^2)$，得

$$P(85 \leqslant X \leqslant 100) = P\left(\frac{85-90}{3} \leqslant \frac{X-90}{3} \leqslant \frac{100-90}{3}\right)$$

$$= P\left(-\frac{5}{3} \leqslant \frac{X-90}{3} \leqslant \frac{10}{3}\right)$$

$$\approx \Phi\left(\frac{10}{3}\right)-\Phi\left(-\frac{5}{3}\right)=\Phi\left(\frac{10}{3}\right)+\Phi\left(\frac{5}{3}\right)-1$$

$$=0.9995+0.9525-1=0.952$$

因此，整个系统工作的概率近似为 0.952 .

相对于前面的定理，下面定理的应用范围更广泛 .

二、列维-林德伯格定理

该定理是独立同分布随机变量序列的中心极限定理．设 $X_1,X_2,\cdots$ 是一个独立同分布的随机变量序列，且 $E(X_i)=\mu$，$D(X_i)=\sigma^2>0$ $(i=1,2,\cdots)$，则对任意的 $x\in(-\infty,+\infty)$，有

$$\lim_{n\to\infty}P\left(\frac{\sum_{i=1}^{n}X_i-n\mu}{\sqrt{n}\sigma}\leqslant x\right)=\Phi(x)$$

这个定理说明：尽管上述 $\sum_{i=1}^{n}X_i$ 所服从的分布未知，但 $E\left(\sum_{i=1}^{n}X_i\right)=n\mu$, $D\left(\sum_{i=1}^{n}X_i\right)=n\sigma^2$ ，当 n 充分大时，$\sum_{i=1}^{n}X_i$ 近似地服从 $N(n\mu,n\sigma^2)$.

【例 2】 据以往经验，某种电器元件的寿命服从均值为 100 h 的指数分布，现随机地取 16 只，设它们的寿命是相互独立的．求这 16 只元件的寿命的总和大于 1920 h 的概率 .

解 设第 i 只元件的寿命为 $X_i(i=1,2,\cdots,16)$ ，则 $X_i\sim E(100)$, $E(X_i)=100$, $D(X_i)=10000$, $E\left(\sum_{i=1}^{16}X_i\right)=1600$, $D\left(\sum_{i=1}^{16}X_i\right)=160000$.

根据独立同分布的中心极限定理，可知 $\sum_{i=1}^{16}X_i$ 近似地服从 $N(1600,400^2)$ ，得

$$P\left(\sum_{i=1}^{16} X_i > 1920\right) = 1 - P\left(\sum_{i=1}^{16} X_i \leqslant 1920\right)$$

$$= 1 - P\left(\frac{\sum_{i=1}^{16} X_i - 1600}{400} \leqslant \frac{1920-1600}{400}\right)$$

$$\approx 1 - \Phi(0.8) = 0.2119$$

因此，这 16 只元件的寿命的总和大于 1920 h 的概率近似为 0.2119.

习 题 六

1. 某发电机给 10000 盏电灯供电，设每晚各盏电灯的开、关是相互独立的，每盏灯开着的概率都是 0.8，试用切比雪夫不等式估计每晚同时开灯的电灯数 X 介于 7800～8200 之间的概率.
2. 假设随机变量 X 的分布未知，但已知 $E(X)=\mu$，$D(X)=\sigma^2(\sigma>0)$，试用切比雪夫不等式估计 X 落在区间 $(\mu-3\sigma,\mu+3\sigma)$ 内的概率.
3. 某药厂断言，该厂生产的某种药品对于医治一种疑难的血液病的治愈率为 0.8. 医院检验员任意抽查 100 个服用此药品的病人，如果其中多于 75 人治愈，就接受这一断言，否则就拒绝这一断言. 若实际上此药品对这种疾病的治愈率是 0.8，问接受这一断言的概率是多少?
4. 某单位设置一电话总机，共有 200 架电话分机，设每个电话分机是否使用外线通话是相互独立的. 设每时刻每个分机有 5% 的概率要使用外线通话. 问总机需要多少外线才能以不低于 90% 的概率保证每个分机要使用外线时可供使用?
5. 计算机在进行加法时每个加数取整数（取最为接近于它的整数）. 设所有的取整误差是相互独立的，且它们都在 [−0.5, 0.5] 上服从均匀分布.
   (1) 若将 1500 个数相加，问误差总和的绝对值超过 15 的概率是多少?
   (2) 最多几个数加在一起可使得误差总和的绝对值小于 10 的概率不小于 0.90?
6. 一部件包括 10 部分，每部分的长度是一个随机变量，它们相互独立，且服从同一分布，其数学期望为 2mm，均方差为 0.05mm. 规定总长度为 (20±0.1) mm 时产品合格，试求产品合格的概率.

第七章　数理统计的基本概念

前面讲述了概率论的基本内容，随后的几章将讲述数理统计．数理统计是具有广泛应用的一个数学分支，它以概率论为理论基础，根据试验或观察得到的数据，研究随机现象，对研究对象的客观规律性进行合理的估计和判断．本章主要介绍数理统计的基本概念，并着重介绍几个常用统计量及抽样分布．

第一节　随机样本

一、总体

定义 1　试验的全部可能的观察值称为**总体**（population），每一个可能的观察值称为**个体**（individual），总体中所包含的个体的个数称为总体的**容量**，容量为有限的称为有限总体，容量为无限的称为无限总体．

例如，在考察某一幼儿园所有小朋友的身高这一试验中，若一共有 200 个小朋友，每个小朋友的身高是一个可能的观察值，所形成的总体中共有 200 个可能结果，是一个有限总体．再如，测量某一湖泊任意地点的深度，所得总体是一个无限总体．在这里值得注意的是，某些有限总体，当它的容量很大时，可以认为它是一个无限总体．

总体中的每个个体是随机试验的一个观察值，因此，它是某一个随机变量 X 的值，这样，一个总体就对应一个随机变量 X．对总体的研究就是对一个随机变量 X 的研究，X 的分布函数和数字特征就称为总体的分布函数和数字特征．

二、样本

定义 2 从总体中抽取一部分个体成为**样本**（sample），样本含有的基本单元的个数称为**样本容量**（sample size），抽取一个样本的过程为**抽样**（sampling）.

从总体中抽取一个个体，就是对总体 X 进行一次观察并记录其结果．在相同的条件下对总体 X 进行 n 次重复的、独立的观察，将 n 次观察结果按次序记为 $X_1,X_2,\cdots,X_n$，当 n 次观察完成后，就得到一组数 $x_1,x_2,\cdots,x_n$，它们依次是随机变量 $X_1,X_2,\cdots,X_n$ 的观察值，称为**样本值**（sample value）.

三、简单随机样本

定义 3 若抽样满足：同分布性，即样本 $X_1,X_2,\cdots,X_n$ 的各分量与总体 X 有相同分布；独立性，即样本 $X_1,X_2,\cdots,X_n$ 的各分量相互独立．这样得到的 $X_1,X_2,\cdots,X_n$ 称为来自总体 X 的一个**简单随机样本**（random sample），简称**样本**.

对于有限总体，采用放回抽样就能得到简单随机样本，但是放回抽样使用起来不方便，当个体的总数 N 比要得到的样本的容量 n 大得多时，在实际问题中可以将不放回抽样近似地当做放回抽样来处理．对于无限总体，因为抽取一个个体不影响它的分布，所以总是用不放回抽样.

第二节　统 计 量

样本是进行统计推断的依据，在应用时，往往不是直接使用样本本身，而是针对不同的问题构造样本的适当函数，利用样本的这些函数进行统计推断.

一、统计量的概念

定义 4 设 $X_1,X_2,\cdots,X_n$ 是来自总体 X 的一个样本，$g(X_1,X_2,\cdots,X_n)$ 是 $X_1,X_2,\cdots,X_n$ 的函数，若 $g(X_1,X_2,\cdots,X_n)$ 中不含未知参数，则称 $g(X_1,X_2,\cdots,X_n)$ 是一个**统计量**（statistic）.

因为 $X_1, X_2, \cdots, X_n$ 都是随机变量，而统计量 $g(X_1, X_2, \cdots, X_n)$ 是随机变量的函数，因此统计量也是一个随机变量．若 $x_1, x_2, \cdots, x_n$ 是相应于样本 $X_1, X_2, \cdots, X_n$ 的样本值，则称 $g(x_1, x_2, \cdots, x_n)$ 是统计量 $g(X_1, X_2, \cdots, X_n)$ 的观察值．

二、常用的统计量

设 $X_1, X_2, \cdots, X_n$ 是来自总体 X 的一个样本，$x_1, x_2, \cdots, x_n$ 是这一样本的观察值．定义：

样本平均值（sample mean）　$\overline{X} = \frac{1}{n}\sum_{i=1}^{n} X_i$

样本方差（sample variance）　$S^2 = \frac{1}{n-1}\sum_{i=1}^{n}(X_i - \overline{X})^2$

$$S_n^2 = \frac{1}{n}\sum_{i=1}^{n}(X_i - \overline{X})^2$$

样本标准差（sample standard deviation）

$$S = \sqrt{S^2} = \sqrt{\frac{1}{n-1}\sum_{i=1}^{n}(X_i - \overline{X})^2}$$

$$S_n = \sqrt{S_n^2} = \sqrt{\frac{1}{n}\sum_{i=1}^{n}(X_i - \overline{X})^2}$$

样本 k 阶原点矩（sample origin moment）

$$A_k = \frac{1}{n}\sum_{i=1}^{n} X_i^k \text{ , } k = 1, 2, \cdots$$

样本 k 阶中心矩（sample central moment）

$$B_k = \frac{1}{n}\sum_{i=1}^{n}(X_i - \overline{X})^k \text{ , } k = 1, 2, \cdots$$

这些统计量通称为总体的**样本矩**，是最常用的样本数字特征．将上面式子中的 X 换成 x，就变成它们的观察值．

将（$X_1, X_2, \cdots, X_n$）中的 X_i 按由小到大的顺序排成（$X_{(1)} \leqslant X_{(2)} \leqslant \cdots \leqslant X_{(n)}$），则称 $X_{(1)}, X_{(2)}, \cdots, X_{(n)}$ 为**顺序统计量**（order statistic）．

第三节　统计中常用的三大分布

一、分位数

定义 5　设随机变量 X 的分布函数为 $\varphi(x)$，对给定的实数 α，$0<\alpha<1$，若实数 u_α 满足 $P(X>u_\alpha)=\alpha$，则称 u_α 为随机变量 X 分布的水平 α 的**上侧分位数**（图 7.1）或**上 α 分位点**（percentile of α）. 若实数 $u_{\alpha/2}$ 满足 $P(|X|>u_{\alpha/2})=\alpha$，则称 $u_{\alpha/2}$ 为随机变量 X 分布的水平 α 的**双侧分位数**（图 7.2）.

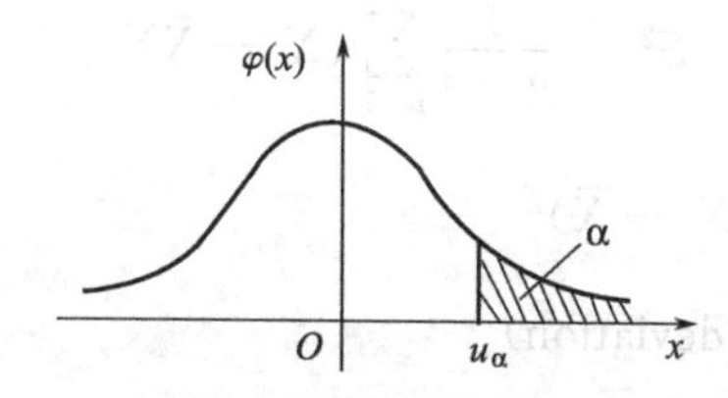

图 7.1　标准正态分布的上侧分位数

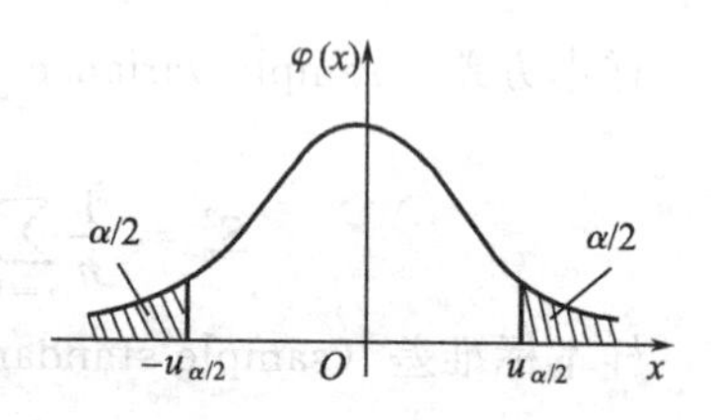

图 7.2　标准正态分布的双侧分位数

【例 1】　设 $\alpha=0.05$，求标准正态分布的水平 0.05 的上侧分位数和双侧分位数.

解　由于 $\Phi(u_{0.05})=1-0.05=0.95$，查标准正态分布函数值可得 $u_{0.05}=1.645$. 水平 0.05 的双侧分位数为 $u_{0.025}$，$\Phi(u_{0.025})=1-0.025=0.975$，查表得 $u_{0.025}=1.96$.

二、χ^2 分布

1. χ^2 分布概念

设 $X_1,X_2,\cdots,X_n$ 是来自总体 $N(0,1)$ 的样本，则统计量

$$\chi^2=X_1^2+X_2^2+\cdots+X_n^2$$

服从自由度为 n 的 **χ^2 分布**，记为 $\chi^2\sim\chi^2(n)$.

χ^2 分布的密度函数为

$$f(y)=\begin{cases}\dfrac{1}{2^{n/2}\Gamma(n/2)}y^{\frac{n}{2}-1}e^{-\frac{y}{2}}, & y>0\\ 0, & \text{其他}\end{cases}$$

2. χ^2分布的性质

(1) χ^2分布的可加性：设$\chi_1^2\sim\chi^2(n_1)$，$\chi_2^2\sim\chi^2(n_2)$，并且χ_1^2，χ_2^2相互独立，则有

$$\chi_1^2+\chi_2^2\sim\chi^2(n_1+n_2)$$

(2) χ^2分布的数学期望和方差：若$\chi^2\sim\chi^2(n)$，则有$E(\chi^2)=n$，$D(\chi^2)=2n$.

(3) χ^2分布的分位点：对于给定的正数$0<\alpha<1$，将满足

$$P\left(\chi^2>\chi_\alpha^2(n)\right)=\int_{\chi_\alpha^2(n)}^{\infty}f(y)\mathrm{d}y=\alpha$$

的点$\chi_\alpha^2(n)$称为χ^2分布的上α分位点（图 7.3）.

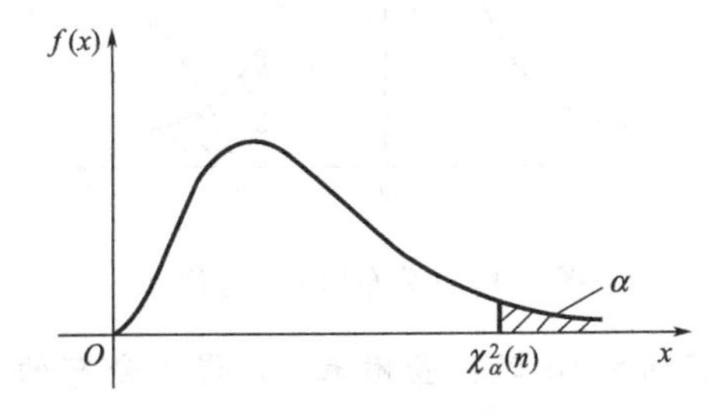

图 7.3　χ^2分布的上α分位点

【例 2】 在$n=10$时，查附表 5，得χ^2分布的上α分位点：$\chi_{0.05}^2(10)=18.307$，$\chi_{0.95}^2(10)=3.94$. 其意义为$P(\chi^2>18.307)=0.05$，$P(\chi^2>3.94)=0.95$.

三、t 分布

1. t 分布概念

设随机变量$X\sim N(0,1)$，$Y\sim\chi^2(n)$，且X，Y独立，则称随机变量

$$t = \frac{X}{\sqrt{Y/n}}$$

服从自由度为 n 的 t 分布，记为 $t \sim t(n)$.

t 分布的密度函数为

$$h(t) = \frac{\Gamma[(n+1)/2]}{\sqrt{\pi n}\Gamma(n/2)}\left(1+\frac{t^2}{n}\right)^{-(n+1)/2}, -\infty < t < +\infty$$

2. t 分布的分位点

对于给定的正数 $0 < \alpha < 1$，将满足条件

$$P(t > t_\alpha(n)) = \int_{t_\alpha(n)}^{\infty} h(t)\mathrm{d}t = \alpha$$

的点 $t_\alpha(n)$ 称为 t 分布的上 α 分位点（图 7.4）.

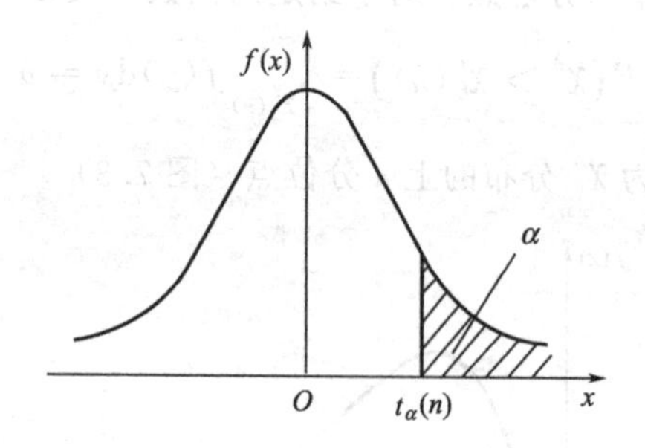

图 7.4　t 分布的上 α 分位点

【例 3】 在 $n = 10$ 时，查附表 4，得 t 分布的上 α 分位点：$t_{0.05/2}(10) = t_{0.025}(10) = 2.2281$，$t_{0.05}(10) = 1.8125$. 其意义为 $P(t > 1.8125) = 0.05$，$P(|t| > 2.2281) = 0.05$.

t 分布的 α 分位点的重要性质如下：

$$t_{1-\alpha}(n) = -t_\alpha(n)$$

四、F 分布

1. F 分布概念

设 $U \sim \chi^2(n), V \sim \chi^2(\mathrm{m})$，并且 U, V 独立，则称随机变量

$$F = \frac{U/n}{V/\mathrm{m}}$$

服从自由度为 (n, m) 的 **F 分布**，记为 $F \sim F(n, m)$.

F 分布的密度函数为

$$\varphi(y)=\begin{cases}\dfrac{\Gamma[(n+m)/2](n/m)^{\frac{n}{2}}y^{\frac{n}{2}-1}}{\Gamma(n/2)\Gamma(m/2)[1+(ny/m)]^{\frac{n+m}{2}}}, & y>0\\ 0, & \text{其他}\end{cases}$$

2. F 分布的分位点

对于给定的正数 $0<\alpha<1$，将满足条件

$$P(F>F_\alpha(n,m))=\int_{F_\alpha(n,m)}^{\infty}\varphi(y)\mathrm{d}y=\alpha$$

的点 $F_\alpha(n,m)$ 称为 F 分布的上 α 分位点（图 7.5）.

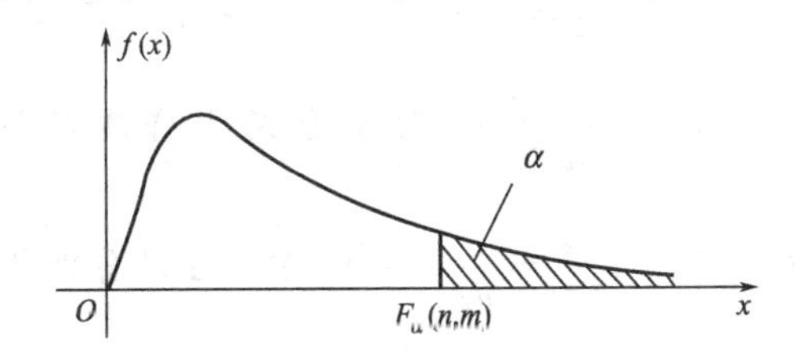

图 7.5　F 分布的上 α 分位点

F 分布的上 α 分位点的重要性质如下：

$$F_{1-\alpha}(n,m)=\frac{1}{F_\alpha(m,n)}$$

【例 4】 在 $n=6$，$m=8$ 时，查附表 6，得 F 分布的上 α 分位点：$F_{0.05}(6,8)=3.58$，$F_{0.95}(6,8)=\dfrac{1}{F_{0.05}(8,6)}=\dfrac{1}{4.15}=0.24$，其意义是 $P(F>3.58)=0.05$，$P(F>0.24)=0.95$.

第四节　抽样分布定理

在正态总体的假定下得到以下几个重要定理，这些定理在参数估计、假设检验等方面有重要作用.

定理 1　设 $X_1,X_2,\cdots,X_n$ 是来自总体 $N(\mu,\sigma^2)$ 的样本，$\overline{X}$ 和 S^2 分别是样本均值和样本方差，则有

(1) $\overline{X} \sim N(\mu, \sigma^2/n)$；

(2) $\dfrac{(n-1)S^2}{\sigma^2} \sim \chi^2(n-1)$；

(3) $\overline{X}$ 与 S^2 独立．

定理 2 设 $X_1, X_2, \cdots, X_n$ 是来自总体 $N(\mu, \sigma^2)$ 的样本，$\overline{X}$ 和 S^2 分别是样本均值和样本方差，则有

$$\frac{\overline{X}-\mu}{S/\sqrt{n}} \sim t(n-1)$$

定理 3 设 $X_1, X_2, \cdots, X_{n_1}$ 与 $Y_1, Y_2, \cdots, Y_{n_2}$ 分别是来自正态总体 $N(\mu_1, \sigma_1^2)$ 和 $N(\mu_2, \sigma_2^2)$ 的样本，且两个样本相互独立．设 $\overline{X} = \dfrac{1}{n_1}\sum_{i=1}^{n_1} X_i$，$\overline{Y} = \dfrac{1}{n_2}\sum_{i=1}^{n_2} Y_i$ 分别是两个样本的均值；$S_1^2 = \dfrac{1}{n_1-1}\sum_{i=1}^{n_1}(X_i-\overline{X})^2$，$S_2^2 = \dfrac{1}{n_2-1}\sum_{i=1}^{n_2}(Y_i-\overline{Y})^2$ 分别是两个样本的方差，则有

(1) $\dfrac{S_1^2/S_2^2}{\sigma_1^2/\sigma_2^2} \sim F(n_1-1, n_2-1)$；

(2) 当 $\sigma_1^2 = \sigma_2^2 = \sigma^2$ 时，

$$\frac{(\overline{X}-\overline{Y})-(\mu_1-\mu_2)}{S_\omega\sqrt{\dfrac{1}{n_1}+\dfrac{1}{n_2}}} \sim t(n_1+n_2-2)$$

$$S_\omega^2 = \frac{(n_1-1)S_1^2+(n_2-1)S_2^2}{n_1+n_2-2}$$

习题七

1. 设 $X_1, X_2, \cdots, X_6$ 是来自 $(0,\theta)$ 上的均匀分布，指出下列样本函数中哪些是统计量，哪些不是：

(1) $T_1 = \dfrac{X_1+X_2+\cdots X_6}{6}$； (2) $T_2 = 2T_2 - 5\theta^2$；

(3) $T_3 = T_2 + T_3 - D(X_1)$； (4) $T_4 = \min(X_1, \cdots, X_6)$．

2. 设样本的一组观察值为 0.5，1，0.7，0.6，1，1. 写出样本均值、样本方差和标准差.
3. 在总体 $N(52, 6.3^2)$ 中随机抽取容量为 36 的样本，求样本均值 $\overline{X}$ 落在 [50.8，53.8] 区间上的概率.
4. 求总体 $N(20, 3)$ 的容量分别为 10，15 的两个独立样本均值差的绝对值大于 0.3 的概率.
5. 设 $X_1, X_2, \cdots, X_{10}$ 为总体 $N(0, 0.3^2)$ 的一个样本，求 $P\left(\sum_{i=1}^{10} X_i^2 > 1.44\right)$.
6. 已知 $X \sim t(n)$，求证 $X^2 \sim F(1, n)$.

第八章 点 估 计

在实际问题中，当所研究的总体分布类型已知，但分布中含有一个或多个未知参数时，如何根据样本来估计未知参数，这就是参数估计问题．参数估计问题分为**点估计**（point estimation）与**区间估计**（interval estimation）两类问题，本章介绍点估计．点估计就是用某一个函数值作为总体未知参数的估计值．

第一节 点估计的方法

人们运用各种方法构造出很多未知参数 θ 的估计，本节介绍两种最常用的点估计方法，矩估计法和最大似然法．

一、估计量和估计值

定义 1 设总体的分布函数为 $F(x;\theta)$，θ 为待估参数，$X_1,\cdots,X_n$ 是来自总体 X 的一个样本，$x_1,x_2,\cdots,x_n$ 是相应的一个样本值．用统计量 $\hat{\theta}(X_1,X_2,\cdots,X_n)$ 来估计 θ，称 $\hat{\theta}$ 为 θ 的**估计量**（estimator），$\hat{\theta}(x_1,x_2,\cdots,x_n)$ 为 θ 的**估计值**．

二、矩估计

1900 年英国统计学家 K. Pearson 提出了一个替换原则，后来人们称此方法为**矩估计**（moment estimate）法．其基本思想是以样本矩估计总体矩，用样本矩的函数估计相应的总体矩的函数．

【例 1】 设总体为指数分布，其密度函数为 $f(x,\lambda)=\lambda e^{-\lambda x}$，$x>0$，$X_1,\cdots,X_n$ 是样本，求 λ 的矩估计量和估计值．

解 $E(X)=\dfrac{1}{\lambda}$，解得 $\lambda=\dfrac{1}{E(X)}$，根据矩估计法，λ 的矩估

计量$\hat{\lambda}=\frac{1}{\overline{X}}$，$\hat{\lambda}=\frac{1}{\overline{x}}$即为$\lambda$的矩估计值．

注意：$D(X)=\frac{1}{\lambda^2}$，从替换原理来看可用$s_n^2=\frac{1}{n}\sum_{i=1}^{n}(X_i-\overline{X})^2$来替换$D(X)$，列出方程$\frac{1}{\lambda^2}=s_n^2$，即$\hat{\lambda}=\frac{1}{s_n}$，$s_n$为样本标准方差．这说明矩估计可能是不唯一的，这是矩估计的一个缺点，此时应尽量用低阶矩给出未知参数的估计．

【例 2】 设$X_1,\cdots,X_n$是来自均匀分布$U(a,b)$上的样本，a，b是未知参数，$X_1,\cdots,X_n$是样本，求a，b的矩估计量．

解 $E(X)=\frac{a+b}{2}$，$D(X)=\frac{(b-a)^2}{12}$，得方程组为

$$\begin{cases}\dfrac{a+b}{2}=\overline{X}\\ \dfrac{(b-a)^2}{12}=s_n^2\end{cases}$$

解出$\hat{a}=\overline{X}-\sqrt{3s_n^2}$，$\hat{b}=\overline{X}+\sqrt{3s_n^2}$即为$a$，$b$的矩估计．

三、最大似然估计

最大似然估计（maximum likelihood estimate）是求估计用得最多的方法，由英国统计学家 R. A. Fisher 于 1922 年提出．

定义 2 设$X_1,\cdots,X_n$为来自总体$f(x,\theta)$ $(\theta\in\Theta)$的样本，则$(X_1,\cdots,X_n)$的联合分布记为$L(\theta)=f(x_1,\theta)f(x_2,\theta)\cdots f(x_n,\theta)$，$L(\theta)$称为样本的**似然函数**（likelihood function）．如果统计量$\hat{\theta}=\hat{\theta}(x_1,\cdots,x_n)$满足$L(\hat{\theta})=\max\limits_{\theta\in\Theta}L(\theta)$，则称$\hat{\theta}$是$\theta$的**最大似然估计量**．

当$L(\theta)$关于θ可微时，一般可用如下方法求最大似然估计：

(1) 求$L(\theta)$；

(2) 求$\ln L(\theta)$，由于对数的凸性，$L(\theta)$与$\ln L(\theta)$有相同的最大值点；

(3) 求 $\frac{\partial \ln L(\theta)}{\partial \theta}=0$，因最大似然估计必是方程的一个解，验证此方程的解确是 $\ln L(\theta)$ 的最大值点，但在大多数实际问题中是满足的，故常常略去此步．

【例 3】 设 $X_1,\cdots,X_n$ 是来自 $N(\mu,\sigma^2)$ 的样本，$\theta=(\mu,\sigma^2)$ 是二维参数．求 μ,σ^2 的最大似然估计量．

解 总体 X 的密度函数为

$$f_X(x)=\frac{1}{\sqrt{2\pi}\sigma}e^{-\frac{(x-\mu)^2}{2\sigma^2}}$$

似然函数为

$$L(\theta)=L(\mu,\sigma^2)=\left(\frac{1}{\sqrt{2\pi}\sigma}\right)^n e^{-\frac{\sum\limits_{i=1}^{n}(X_i-\mu)^2}{2\sigma^2}}$$

对数似然函数为

$$\ln L(\theta)=\ln L(\mu,\sigma^2)=-\frac{n}{2}\ln(2\pi)-\frac{n}{2}\ln\sigma^2-\frac{1}{2\sigma^2}\sum_{i=1}^{n}(X_i-\mu)^2$$

对数似然方程组为

$$\begin{cases}\dfrac{\partial \ln L(\mu,\sigma^2)}{\partial \mu}=\dfrac{1}{\sigma^2}\sum\limits_{i=1}^{n}(X_i-\mu)^2=0\\ \dfrac{\partial \ln L(\mu,\sigma^2)}{\partial \sigma^2}=-\dfrac{n}{2\sigma^2}+\dfrac{1}{2\sigma^4}\sum\limits_{i=1}^{n}(X_i-\mu)^2=0\end{cases}$$

解得 $\hat{\mu}=\overline{X},\hat{\sigma^2}=s_n^2$ 为 μ,σ^2 的最大似然估计量．

【例 4】 设 $X_1,\cdots,X_n$ 是来自均匀分布 $U(0,\theta)$ 的样本，$\theta>0$ 未知，求 θ 的最大似然估计量．

解 总体 X 的密度函数为

$$f_X(\theta)=\frac{1}{\theta}\quad(0<x_i<\theta)$$

似然函数为

$$L(\theta)=\begin{cases}\dfrac{1}{\theta^n} & x_{(n)}<\theta\\ 0 & x_{(n)}\geqslant\theta\end{cases}$$

其中 $X_{(n)}=\max\limits_{1\leqslant i\leqslant n}X_i$，$L(\theta)$ 在 $\theta=X_{(n)}$ 处间断，关于 θ 不可导．因 $L(\theta)\geqslant 0$，且 $\theta=X_{(n)}$ 时 $L(\theta)$ 取最大值，故 $\hat{\theta}=X_{(n)}$ 是 θ 的最大似然估计量．

第二节　估计量的评价标准

点估计有多种不同的求法，为了在不同的点估计中进行比较选择，就必须对各种点估计给出评价标准．

一、相合性（一致性）

点估计是一个统计量，因此它是一个随机变量，当样本量不断增大时，要求估计量随着样本量的不断增大而逼近参数真值，这就是相合性（consistency）．

定义 3　设 $\theta\in\Theta$ 为未知参数，$\hat{\theta}=\hat{\theta}(X_1,\cdots,X_n)$ 是 θ 的一个估计量，n 是样本容量，若对任何一个 $\varepsilon>0$，有 $\lim\limits_{n\to\infty}P(|\hat{\theta}-\theta|>\varepsilon)=0$，则称 $\hat{\theta}$ 为参数 θ 的**相合估计**．

定理 1　$\hat{\theta}=\hat{\theta}(X_1,\cdots,X_n)$ 是 θ 的一个估计量，n 是样本容量，若 $\lim\limits_{n\to\infty}E(\hat{\theta})=\theta$，$\lim\limits_{n\to\infty}D(\hat{\theta})=0$，则 $\hat{\theta}$ 为参数 θ 的**相合估计**．

相合性是对估计的一个最基本的要求，它是衡量一个估计量是否可行的必要条件．证明估计的相合性一般可应用大数定律或直接由定义来证．

【例 5】　设总体服从正态分布 $N(\mu,\sigma^2)$，证明修正样本方差 $s_n^2=\dfrac{1}{n-1}\sum\limits_{i=1}^{n}(X_i-\overline{X})^2$ 是 σ^2 的相合估计．

证　因为 $\dfrac{1}{\sigma^2}\sum\limits_{i=1}^{n}(X_i-\overline{X})^2\sim\chi^2(n-1)$，且 $D[\dfrac{1}{\sigma^2}\sum\limits_{i=1}^{n}(X_i-\overline{X})^2]=2(n-1)$，有

$$E(s_n^2)=E\left[\frac{1}{n-1}\sum_{i=1}^{n}(X_i-\overline{X})^2\right]$$

$$=E\left[\frac{\sigma^2}{n-1}\times\frac{1}{\sigma^2}\sum_{i=1}^{n}(X_i-\overline{X})^2\right]=\sigma^2$$

故 $$D(s_n^2)=D\left[\frac{1}{n-1}\sum_{i=1}^{n}(X_i-\overline{X})^2\right]=2(n-1)\frac{\sigma^4}{(n-1)^2}=\frac{2\sigma^4}{n-1}$$

根据切比雪夫不等式，当 $n\to\infty$ 时，对任给 $\varepsilon>0$，有

$$P(|s_n^2-\sigma^2|>\varepsilon)\leqslant\frac{D(s_n{}^2)}{\varepsilon^2}=\frac{2\sigma^4}{(n-1)\varepsilon^2}\to 0$$

故 s_n^2 为 σ^2 的相合估计.

【例 6】 设总体 $X\sim U(0,\theta)$，θ 为未知参数，$X_1,\cdots,X_n$ 是样本，证明 θ 的最大似然估计是相合估计.

证明 似然函数为

$$L(\theta)=\left(\frac{1}{\theta}\right)^n,0<X_{(1)}<X_{(n)}<\theta$$

由该式可以看出，$L(\theta)$ 是 θ 的单调减函数，要使其最大，θ 的取值应尽可能小，由于限制 $0<X_{(1)}<X_{(n)}<\theta$，故 θ 的最大似然估计为 $\hat{\theta}=X_{(n)}$.

$$X_i\sim p(x_i)=\begin{cases}\dfrac{1}{\theta}, & 0<x_i<\theta\\ 0, & \text{其他}\end{cases}\qquad F(x_i)=\begin{cases}0, & x\leqslant 0\\ \dfrac{x}{\theta}, & 0<x<\theta\\ 1, & x\geqslant\theta\end{cases}$$

$$F_{X_{(n)}}(x)=P(X_{(n)}\leqslant x)=P(X_1\leqslant x,X_2\leqslant x,\cdots,X_n\leqslant x)$$

$$=[P(X\leqslant x)]^n=\left(\frac{x}{n}\right)^n,0<x<\theta$$

$$P_{X_{(n)}}(x)\ =[F_{X_{(n)}}(x)]'=n\frac{x^{n-1}}{\theta^n},0<x<\theta$$

$$E(X_{(n)})=\int_0^{\theta}xn\frac{x^{n-1}}{\theta^n}\mathrm{d}x=\frac{n}{n+1}\theta$$

$$\lim_{n\to\infty}E(X_{(n)})=\theta$$

$$E(X_{(n)}^2)=\int_0^\theta x^2 n\frac{x^{n-1}}{\theta^n}\mathrm{d}x=\frac{n}{n+2}\theta^2$$

$$D(X_{(n)})=E(X_{(n)}^2)-[E(X_{(n)})]^2=\frac{n}{(n+1)^2(n+2)}\theta^2$$

$$\lim_{n\to\infty}D(X_{(n)})=0$$

由此可见 $X_{(n)}$ 是 θ 的相合估计．

二、无偏性

相合性是大样本下估计量的评价标准，对小样本而言，无偏性（unbiasedness）是一个常用的标准．

定义 4　设 $\theta\in\Theta$ 为未知参数，$\hat{\theta}=\hat{\theta}(X_1,\cdots,X_n)$ 是 θ 的一个估计量，n 是样本容量，若对任意的 $\theta\in\Theta$，有 $E(\hat{\theta})=\theta$，则称 $\hat{\theta}$ 为参数 θ 的**无偏估计**（unbiased estimate）；否则称为有偏估计．

【例 7】　设 $X_1,\cdots,X_n$ 是总体 $N(\mu,\sigma^2)$ 的样本，有 $E(\overline{X})=\mu$，$E(s_n^2)=E\left[\frac{1}{n-1}\sum_{i=1}^n(X_i-\overline{X})^2\right]=\sigma^2$，故 $\overline{X}$ 是 μ 的无偏估计，s_n^2 是 σ^2 的无偏估计．

三、有效性

参数的无偏估计可以有很多，人们常用无偏估计的方差的大小作为度量无偏估计优劣的标准，即**有效性**（effectiveness）．

定义 5　设 $\hat{\theta}_1$，$\hat{\theta}_2$ 是 θ 的两个无偏估计，如果对任意的 $\theta\in\Theta$ 有 $D(\hat{\theta}_1)\leqslant D(\hat{\theta}_2)$ 且至少有一个 $\theta\in\Theta$ 使得上述不等号严格成立，则称 $\hat{\theta}_1$ 比 $\hat{\theta}_2$ 有效．

【例 8】　设总体的方差存在且大于零，$E(\overline{X})=\mu$，X_1，X_2 是总体的一个样本，证明 $\hat{\mu}_1=\overline{X}$ 和 $\hat{\mu}_2=X_1$ 都是 μ 的无偏估计量，但 $\hat{\mu}_1$ 比 $\hat{\mu}_2$ 更有效．

证明　由于 $E(\overline{X})=\mu$，故

$$E(\hat{\mu}_1)=E(\overline{X})=\mu,\ E(\hat{\mu}_2)=E(X_1)=\mu$$

因此 $\hat{\mu}_1$ 和 $\hat{\mu}_2$ 都是 μ 的无偏估计量.

因
$$D(\hat{\mu}_1)=D(\overline{X})=\frac{1}{n}D(X)$$
$$D(\hat{\mu}_2)=D(X_1)=D(X)$$

所以，$\hat{\mu}_1$ 比 $\hat{\mu}_2$ 更有效.

【例 9】 设总体 $X\sim U(0,\theta)$，θ 为未知参数，$X_1,\cdots,X_n$ 是样本，讨论 $\hat{\theta}_1=2\overline{X}$ 和 $\hat{\theta}_2=\frac{n+1}{n}X_{(n)}$ 的无偏性、有效性和相合性.

解 (1) 无偏性

$$E(\hat{\theta}_1)=E(2\overline{X})=2\,\frac{\theta}{2}=\theta$$
$$E(\hat{\theta}_2)=E\left(\frac{n+1}{n}X_{(n)}\right)=\frac{n+1}{n}E(X_{(n)})$$
$$=\frac{n+1}{n}\times\frac{n}{n+1}\theta=\theta\text{（由例 6 可知）}$$

故 $\hat{\theta}_1,\hat{\theta}_2$ 都具有无偏性.

(2) 有效性

$$D(\hat{\theta}_1)=D(2\overline{X})=4D(\overline{X})=\frac{4\sigma^2}{n}=\frac{4D(X)}{n}=\frac{4\theta^2}{12n}=\frac{\theta^2}{3n}$$
$$D(\hat{\theta}_2)=D\left(\frac{n+1}{n}X_{(n)}\right)=\left(\frac{n+1}{n}\right)^2D(X_{(n)})$$
$$=\left(\frac{n+1}{n}\right)^2\times\frac{n}{(n+1)^2(n+2)}\theta^2=\frac{\theta^2}{n(n+2)}$$

$D(\hat{\theta}_1)>D(\hat{\theta}_2)$，所以 $\hat{\theta}_1$ 比 $\hat{\theta}_2$ 更有效.

(3) 相合性

$$E(\hat{\theta}_1)=\theta\quad E(\hat{\theta}_2)=\theta$$
$$\lim_{n\to\infty}D(\hat{\theta}_1)=\lim_{n\to\infty}\frac{\theta^2}{3n}=0\qquad\lim_{n\to\infty}D(\hat{\theta}_2)=\lim_{n\to\infty}\frac{\theta^2}{n(n+2)}=0$$

故 $\hat{\theta}_1,\hat{\theta}_2$ 都具有相合性.

习 题 八

1. 设总体分布列为 $P(X=k)=\frac{1}{N}, k=0,1,2,\cdots,N-1, N$（正整数）是未知数，$X_1,\cdots,X_n$ 是样本，试求未知参数的矩估计量和估计值．

2. 设一个试验有三种可能结果，其发生概率分别为 $p_1=\theta^2, p_2=2\theta(1-\theta)$，$p_3=(1-\theta)^2$，现做了 n 次试验，观测到三种结果发生的次数分别为 n_1，n_2, n_3 $(n_1+n_2+n_3=n)$．求 θ 的最大似然估计量．

3. 设总体概率函数如下：

   (1) $P(x,\theta)=\sqrt{\theta}x^{\sqrt{\theta}-1}, 0<x<1, \theta>0$；

   (2) $P(x,\theta)=(\theta+1)x^{\theta}, 0<x<1, \theta>0$；

   (3) $P(x,\theta)=\frac{1}{\theta}\mathrm{e}^{-\frac{x-\mu}{\theta}}, x>\mu, \theta>0$．

   $X_1,\cdots,X_n$ 是样本，试求未知参数的矩估计量．

4. 设总体概率函数如下：

   (1) $P(x,\theta)=\sqrt{\theta}x^{\sqrt{\theta}-1}, 0<x<1, \theta>0$；

   (2) $P(x,\theta)=\frac{1}{\theta}\mathrm{e}^{-\frac{x-\mu}{\theta}}, x>\mu, \theta>0.$

   $X_1,\cdots,X_n$ 是样本，试求未知参数的最大似然估计量．

5. 设总体 $X\sim U(\theta,2\theta)$，其中 $\theta>0$ 是未知参数，$X_1,\cdots,X_n$ 是取自该总体的样本，$\overline{X}$ 是样本均值．

   (1) 证明 $\hat{\theta}=\frac{2}{3}\overline{x}$ 是参数 θ 的无偏估计和相合估计．

   (2) 求 θ 的最大似然估计，它是无偏估计吗？是相合估计吗？

6. 设 x_1, x_2, x_3 是取自某总体容量为 3 的样本，试证下列统计量都是该总体均值 μ 的无偏估计，当方差存在时指出哪一个估计的有效性最差.

   (1) $\hat{\mu}_1=\frac{1}{2}x_1+\frac{1}{3}x_2+\frac{1}{6}x_3$；

   (2) $\hat{\mu}_2=\frac{1}{3}x_1+\frac{1}{3}x_2+\frac{1}{3}x_3$；

   (3) $\hat{\mu}_3=\frac{1}{6}x_1+\frac{1}{6}x_2+\frac{2}{3}x_3$．

第九章 区间估计

上一章介绍了点估计，但是点估计只给出了待估参数的近似值，而在实际问题中往往需要知道近似值的精确程度，也就是所求真值所在的范围，并希望知道这个范围包含参数真值的可信程度等问题．这就是本章所要探讨的问题．

第一节 置信区间

一、置信区间的概念

定义 1 设总体 X 的分布函数 $F(x;\theta)$ 含有一个未知参数 θ，$\theta\in\Theta$（Θ 是 θ 的可能取值范围），对于给定值 $\alpha(0<\alpha<1)$，如果由样本 $X_1,X_2,\cdots,X_n$ 确定的两个统计量 $\underline{\theta}=\underline{\theta}(X_1,X_2,\cdots,X_n)$ 和 $\overline{\theta}=\overline{\theta}(X_1,X_2,\cdots,X_n)$（$\underline{\theta}<\overline{\theta}$），对于任意 $\theta\in\Theta$ 满足

$$P(\underline{\theta}(X_1,X_2,\cdots,X_n)<\theta<\overline{\theta}(X_1,X_2,\cdots,X_n))\geqslant 1-\alpha$$

则称随机区间 $(\underline{\theta},\overline{\theta})$ 是 θ 的置信水平为 $1-\alpha$ 的**置信区间**（confidence interval）．$\underline{\theta}$ 和 $\overline{\theta}$ 分别称为 θ 的置信水平为 $1-\alpha$ 的双侧置信区间的**置信下限和置信上限**，$1-\alpha$ 称为**置信度或置信水平**（confidence level）．

二、置信区间求解步骤

（1）求出 θ 的一个点估计（通常为最大似然估计）$\hat{\theta}=\hat{\theta}(X_1,\cdots,X_n)$；

（2）通过 $\hat{\theta}$ 的分布，构造一个随机变量函数 $g(\hat{\theta},\theta)$，此函数除了含有未知参数 θ 外，不含有其他的未知参数，并且它的分布是已知的或可确定的；

(3) 确定 $a,b(a<b)$，使得

$$P(a \leqslant g(\hat{\theta},\theta) \leqslant b) \geqslant 1-\alpha$$

(4) 将 $a \leqslant g(\hat{\theta},\theta) \leqslant b$ 等价变形为 $\underline{\theta} \leqslant \theta \leqslant \bar{\theta}$，其中 $\underline{\theta}$ 和 $\bar{\theta}$ 只与 $\hat{\theta}$ 有关，则 $(\underline{\theta},\bar{\theta})$ 就是 θ 的 $1-\alpha$ 的置信区间．

第二节　单个正态总体均值与方差的置信区间

一、单个正态总体 $N(\mu,\sigma^2)$ 均值 μ 的置信区间

1. σ^2 已知

由于样本均值 $\overline{X} \sim N\left(\mu,\frac{\sigma^2}{n}\right)$，故

$$U=\frac{\overline{X}-\mu}{\sigma/\sqrt{n}} \sim N(0,1)$$

根据标准正态分布上侧分位点的定义有

$$P\left(\left|\frac{\overline{X}-\mu}{\sigma/\sqrt{n}}\right|<z_{\alpha/2}\right)=1-\alpha$$

从而有

$$P\left(\overline{X}-\frac{\sigma}{\sqrt{n}}z_{\alpha/2}<\mu<\overline{X}+\frac{\sigma}{\sqrt{n}}z_{\alpha/2}\right)=1-\alpha$$

所以，μ 的一个置信水平为 $1-\alpha$ 的置信区间为

$$\left(\overline{X}-\frac{\sigma}{\sqrt{n}}z_{\alpha/2},\ \overline{X}+\frac{\sigma}{\sqrt{n}}z_{\alpha/2}\right)$$

应注意，置信公式中的 $\overline{X}$ 在实际问题的计算中应是 $\bar{x}$．

【例 1】 某灯泡厂生产的灯泡的寿命（单位：h）服从正态分布 $N(\mu,8)$，某天从生产的灯泡中抽取 10 只进行寿命试验，得数据：1050，1100，1080，1120，1200，1250，1040，1130，1300，1200．求该天生产的灯泡平均寿命 μ 的置信水平为 99％的置信区间．

解 $1-\alpha=0.99, \alpha=0.01, U\left(\frac{\alpha}{2}\right)=2.576$，而 $\overline{x}=1147$，$n=10, \sigma=\sqrt{8}$，故 μ 的置信水平为 95%的置信区间为 (1144.70, 1149.30).

2. σ^2 未知

当 σ^2 未知时，可以用其无偏估计量 S^2 代替 σ^2，因

$$T=\frac{\overline{X}-\mu}{S/\sqrt{n}} \sim t(n-1)$$

由 t 分布的上侧分位点可得

$$P\left(-t_{\alpha/2}(n-1)<\frac{\overline{X}-\mu}{S/\sqrt{n}}<t_{\alpha/2}(n-1)\right)=1-\alpha$$

即 $$P\left(\overline{X}-t_{\alpha/2}(n-1)\frac{S}{\sqrt{n}}<-\mu<\overline{X}+t_{\alpha/2}(n-1)\frac{S}{\sqrt{n}}\right)=1-\alpha$$

因此均值 μ 的置信水平为 $1-\alpha$ 的置信区间为

$$\left(\overline{X}-\frac{S}{\sqrt{n}}t_{\alpha/2}(n-1),\quad \overline{X}+\frac{S}{\sqrt{n}}t_{\alpha/2}(n-1)\right)$$

应注意，置信公式中的 S^2 在实际问题的计算中应是 s^2.

【例 2】 有一大批糖果，现从中随机地抽取 16 袋，称得重量（单位：g）如下：

506 508 499 503 504 510 497 512
514 505 493 496 506 502 509 496

设袋装糖果的重量近似地服从正态分布，求总体均值 μ 的置信水平为 0.95 的置信区间.

解 $1-\alpha=0.95, \frac{\alpha}{2}=0.025, n-1=15, t_{\alpha/2}(n-1)=t_{0.025}(15)=2.1315$，由给出的数据算得 $\overline{x}=503.75$，$s=6.2022$，得到均值 μ 的置信水平为 0.95 的置信区间为 (500.4, 507.1).

这说明估计袋装糖果重量均值在 500.4～507.1g 之间的可信程度为 95%，若以此区间内的任一值作为 μ 的近似值，其误差不大于

$$\frac{6.2022}{\sqrt{16}} \times 2.1315 \times 2 = 6.61\,(\text{g})$$

这个误差估计的可信程度为95%.

二、单个正态总体 $N(\mu,\sigma^2)$ 方差 σ^2 的置信区间（μ未知）

因为 S^2 为 σ^2 的无偏估计，且 $\frac{(n-1)S^2}{\sigma^2} \sim \chi^2(n-1)$，由 χ^2 分布的上侧分位点可得

$$P\left(\chi^2_{1-\alpha/2}(n-1) < \frac{(n-1)S^2}{\sigma^2} < \chi^2_{\alpha/2}(n-1)\right) = 1-\alpha$$

即
$$P\left(\frac{(n-1)S^2}{\chi^2_{\alpha/2}(n-1)} < \sigma^2 < \frac{(n-1)S^2}{\chi^2_{1-\alpha/2}(n-1)}\right) = 1-\alpha$$

因此 σ^2 的置信水平为 $1-\alpha$ 的置信区间为

$$\left(\frac{(n-1)S^2}{\chi^2_{\alpha/2}(n-1)}, \frac{(n-1)S^2}{\chi^2_{1-\alpha/2}(n-1)}\right)$$

【例3】 求例2中总体标准差 σ 的置信水平为0.95的置信区间.

解 因 $\frac{\alpha}{2} = 0.025$，$1-\frac{\alpha}{2} = 0.975$，$n-1=15$，查表得 $\chi^2_{0.025}(15) = 27.488$，$\chi^2_{0.975}(15) = 6.262$，又 $s=6.2022$，因此 σ^2 的置信水平为0.95的置信区间为 $(20.9764, 92.16)$，从而总体标准差 σ 的置信水平为0.95的置信区间为 $(4.58, 9.60)$.

第三节　两个正态总体均值与方差的置信区间

设 $X_1, X_2, \cdots, X_{n_1}$ 与 $Y_1, Y_2, \cdots, Y_{n_2}$ 两样本相互独立，分别是来自正态总体 $N(\mu_1, \sigma_1^2)$ 和 $N(\mu_2, \sigma_2^2)$，且 $\overline{X}$，$\overline{Y}$ 分别是两个样本的均值，S_1^2，S_2^2 分别是两个样本的方差.

一、均值差 $\mu_1 - \mu_2$ 的置信区间

1. σ_1^2，σ_2^2 均为已知

因为

$$\overline{X}-\overline{Y}\sim N\left(\mu_1-\mu_2,\frac{\sigma_1^2}{n_1}+\frac{\sigma_2^2}{n_2}\right)$$

所以

$$\frac{(\overline{X}-\overline{Y})-(\mu_1-\mu_2)}{\sqrt{\frac{\sigma_1^2}{n_1}+\frac{\sigma_2^2}{n_2}}}\sim N(0,1)$$

从而可得 $\mu_1-\mu_2$ 的置信水平为 $1-\alpha$ 的置信区间为

$$\left(\overline{X}-\overline{Y}\pm\sqrt{\frac{\sigma_1^2}{n_1}+\frac{\sigma_2^2}{n_2}}z_{\alpha/2}\right)$$

2．$\sigma_1^2=\sigma_2^2=\sigma^2$ 但 σ^2 未知

因为

$$\frac{(\overline{X}-\overline{Y})-(\mu_1-\mu_2)}{S_\omega\sqrt{\frac{1}{n_1}+\frac{1}{n_2}}}\sim t(n_1+n_2-2)$$

$$S_\omega^2=\frac{(n_1-1)S_1^2+(n_2-1)S_2^2}{n_1+n_2-2}$$

得 $\mu_1-\mu_2$ 的置信水平为 $1-\alpha$ 的置信区间为

$$\left(\overline{X}-\overline{Y}\pm S_\omega\sqrt{\frac{1}{n_1}+\frac{1}{n_2}}t_{\alpha/2}(n_1+n_2-2)\right)$$

【例 4】 为比较Ⅰ，Ⅱ两种型号的步枪子弹的枪口速度，随机地取Ⅰ型子弹 10 发，得到枪口速度（单位：m/s）的平均值为 $\overline{x_1}=500$，标准差 $s_1=1.10$，随机地取Ⅱ型子弹 20 发，得到枪口速度的平均值为 $\overline{x_2}=496$，标准差 $s_2=1.20$，假设两总体都可认为近似地服从正态分布，由生产过程可认为方差相等．求两总体均值差 $\mu_1-\mu_2$ 的置信水平为 0.95 的置信区间．

解 根据题意，可认为分别来自两个总体的样本是相互独立的．假设两总体的方差相等，但数值未知．由于 $1-\alpha=0.95$，

$\frac{\alpha}{2}=0.025$，$n_1=10$，$n_2=20$，$n_1+n_2-2=28$，$t_{0.025}(28)=2.0484$，得

$$S_\omega^2=\frac{(n_1-1)S_1^2+(n_2-1)S_2^2}{n_1+n_2-2}=\frac{9\times1.10^2+19\times1.20^2}{28}$$

$$S_\omega=\sqrt{S_\omega^2}=1.1688$$

故所求的两个体样本均值差 $\mu_1-\mu_2$ 的置信水平为 0.95 置信区间为

$$\left(\overline{x_1}-\overline{x_2}\pm S_\omega\sqrt{\frac{1}{10}+\frac{1}{20}}t_{0.025}(28)\right)$$

即 (3.07,4.93).

二、方差比 σ_1^2/σ_2^2 的置信区间

因为 $$F=\frac{S_1^2/S_2^2}{\sigma_1^2/\sigma_2^2}\sim F(n_1-1,n_2-1)$$

由 F 分布上侧分位点，可得

$$P\left(F_{1-\alpha/2}(n_1-1,n_2-1)<\frac{S_1^2/S_2^2}{\sigma_1^2/\sigma_2^2}<F_{\alpha/2}(n_1-1,n_2-1)\right)=1-\alpha$$

即 $$P\left(\frac{S_1^2}{S_2^2}\times\frac{1}{F_{1-\alpha/2}(n_1-1,n_2-1)}<\frac{\sigma_1^2}{\sigma_2^2}<\frac{S_1^2}{S_2^2}\times\frac{1}{F_{\alpha/2}(n_1-1,n_2-1)}\right)=1-\alpha$$

因此方差比 σ_1^2/σ_2^2 的置信水平为 $1-\alpha$ 的置信区间为

$$\left(\frac{S_1^2}{S_2^2}\times\frac{1}{F_{\alpha/2}(n_1-1,n_2-1)},\ \frac{S_1^2}{S_2^2}\times\frac{1}{F_{1-\alpha/2}(n_1-1,n_2-1)}\right)$$

【例 5】 研究由机器 A 和机器 B 生产的钢管的内径，随机抽取机器 A 生产的管子 18 只，测得样本方差 $s_1^2=0.34$；抽取机器 B 生产的管子 13 只，测得样本方差 $s_2^2=0.29$. 设两样本相互独立，且设由机器 A 和机器 B 生产的管子内径分别服从正态分布 $N(\mu_1,\sigma_1^2)$ 和 $N(\mu_2,\sigma_2^2)$，这里 $\mu_i,\sigma_i^2(i=1,2)$ 均未知，试求两个总体样本方差比 σ_1^2/σ_2^2 的置信水平为 0.90 的置信区间.

解 $n_1=18$，$n_2=13$，$s_1^2=0.34$，$s_2^2=0.29$，$1-\alpha=0.90$，$\frac{\alpha}{2}=0.05$，$1-\frac{\alpha}{2}=0.95$，$1-\alpha=0.95$，$\frac{\alpha}{2}=0.025$，故

$$F_{\alpha/2}(n_1-1,n_2-1)=F_{0.05}(17,12)=2.59$$

$$F_{1-\alpha/2}(n_1-1,n_2-1)=F_{0.95}(17,12)=\frac{1}{F_{0.05}(12,17)}=\frac{1}{2.38}$$

于是得两个总体样本方差比 σ_1^2/σ_2^2 的置信水平为 0.90 的置信区间为 $\left(\frac{0.34}{0.29}\times\frac{1}{2.59},\frac{0.34}{0.29}\times 2.38\right)$，即 $(0.45,2.79)$.

习 题 九

1. 设某种清漆的 9 个样品，其干燥时间（单位：h）分别为

   6.0　5.7　5.8　6.5　7.0　6.3　5.6　6.1　5.0

   设干燥时间总体服从正态分布 $N(\mu,\sigma^2)$. 求下列情况下 μ 的置信水平为 0.95 的置信区间：

   (1) 据以往经验知 $\sigma=0.6$；

   (2) σ 未知.

2. 分别使用金球和铂球测定引力常数（单位：$10^{-11}\mathrm{m}^3\cdot\mathrm{kg}^{-1}\cdot\mathrm{s}^{-2}$）.

   (1) 用金球测定观察值为

   6.683　6.681　6.676　6.678　6.679　6.672

   (2) 用铂球测定观察值为

   6.661　6.661　6.667　6.667　6.664

   设测定值总体为 $N(\mu,\sigma^2)$，μ,σ^2 均未知．试就上述两种情况分别求 μ 的置信水平为 0.9 的置信区间，并求 σ^2 的置信水平为 0.9 的置信区间．

3. 随机地取某种炮弹 9 发做试验，得炮口速度（单位：m/s）的样本标准差 $s=11$. 设炮口速度服从正态分布，求这种炮弹的炮口速度的标准差 σ 和方差 σ^2 的置信水平为 0.95 的置信区间．

4. 随机地从Ⅰ批导线中抽取 4 根，又从Ⅱ批导线中抽取 5 根，测得电阻（单位：Ω）为

   Ⅰ批导线：0.143　0.142　0.143　0.137

   Ⅱ批导线：0.140　0.142　0.136　0.138　0.140

设测定数据分别来自分布 $N(\mu_1,\sigma^2)$和 $N(\mu_2,\sigma^2)$，且两样本相互独立．又 μ_1，μ_2，σ^2均未知．试求 $\mu_1-\mu_2$的置信水平为 0.95 的置信区间．

5. 设两位化验员独立地对某种聚合物含氯量用相同的方法各做 10 次测定，其测定值的样本方差分别为 $s_1^2=0.541, s_2^2=0.606$. 设 σ_1^2, σ_2^2分别为两位化验员所测定的测定值总体的方差，总体均为正态分布，两样本独立，求方差比 σ_1^2/σ_2^2的置信水平为 0.95 的置信区间．

第十章　假设检验

统计推断的另一类重要问题是假设检验（hypothesis testing），它的方法同点估计和置信区间之间有密切联系．本章将介绍统计假设检验的基本概念和基本原理.

第一节　假设检验

假设检验是同估计既有密切联系，又有重要区别的一种推断方法.

一、假设检验问题的提出

下面通过一个例子来说明假设检验的基本思想和做法.

【例 1】 糖厂用自动包装机将糖装箱，糖的重量（单位：kg）是一个随机变量，它服从正态分布．当机器正常时，其均值为 100，标准差为 1.15. 某日开工后为检验包装机是否正常，随机地抽取它包装的糖 9 箱，称得净重为

99.3　98.7　100.5　101.2　98.3　99.7　99.5　102.1　100.5

问包装机是否正常?

解　以 μ，σ 分别表示这一天箱装糖重总体 X 的均值和标准差. 由于长期实践表明标准差比较稳定，所以设 $\sigma=1.15$，于是 $X\sim N(\mu,1.15^2)$，这里 μ 未知.

做检验的第一步是根据实际问题提出原假设（original hypothesis）$H_0:\mu=\mu_0=100$ 和备择假设（alternative hypothesis）$H_1:\mu\neq\mu_0$. 原假设 H_0 表明包装机工作正常，备择假设 H_1 表明总体均值 μ 已偏离，即包装机工作不正常.

二、假设检验的基本思想（显著性检验）

在提出原假设和备择假设后，接下来的一步是构造一个适当的统计量，称它为检验统计量，要求它在原假设 H_0 下分布是已知的.

例 1 中要检验的是总体均值 μ，由于样本均值 $\overline{X}$ 是 μ 的无偏估计，选取 $\overline{X}$ 这一统计量．在原假设 H_0 下，$\overline{X}\sim N\left(\mu_0,\frac{\sigma^2}{n}\right)$，将 $\overline{X}$ 标准化可得检验统计量为

$$Z=\frac{\overline{X}-\mu_0}{\sigma/\sqrt{n}}\sim N(0,1)$$

即

$$Z=\frac{\overline{X}-100}{1.15/\sqrt{9}}\sim N(0,1)$$

之后要由检验统计量，确定是否接受 H_0 的规则．现采用显著水平检验法，即在数据采集之前就设定好**拒绝域**（rejection region）R，使当样本值落入 R 就拒绝 H_0. 对于拒绝域 R 的要求是：在 H_0 下 {样本值落入 R} 为小概率事件，即对事先给定的 $0<\alpha<1$，有

$$P（样本值落入 R \mid H_0）\leqslant\alpha$$

此时称 α 为**检验显著水平**（significance level），通常取 $\alpha=0.01$ 或 $\alpha=0.05$. 最后算出检验统计量的观察值，判定是否落入拒绝域 R，从而拒绝或接受 H_0 的结论.

三、两类错误

由于判断的依据是一个样本，因而假设检验不可能绝对准确，它可能犯下以下两类错误.

第一类错误：原假设 H_0 符合实际情况，而检验结果把它否定了，称为**弃真错误**.

第二类错误：原假设 H_0 不符合实际情况，而检验结果把它接受了，称为**取伪错误**.

人们不可能消除这两类错误，只能控制发生这两类错误的概率.

例 1 中，由于在 H_0 下，有

$$Z=\frac{\overline{X}-\mu_0}{\sigma/\sqrt{n}}\sim N(0,1)$$

则
$$\left\{|Z|=\left|\frac{\overline{X}-\mu_0}{\sigma/\sqrt{n}}\right|\geqslant k=z_{\alpha/2}\right\}$$

为小概率事件，即

$$P\left(\left|\frac{\overline{x}-\mu_0}{\sigma/\sqrt{n}}\right|\geqslant z_{\alpha/2}\right)=\alpha$$

其中 $k=z_{\alpha/2}$ 称为临界值，拒绝域为

$$R=\left\{\left|\frac{\overline{x}-\mu_0}{\sigma/\sqrt{n}}\right|\geqslant z_{\alpha/2}\right\}$$

若取 $\alpha=0.05$，则有 $k=z_{\alpha/2}=z_{0.025}=1.96$，又 $n=9$，$\sigma=1.15$，由样本计算得 $\overline{x}=99.98$，则有

$$\left|\frac{\overline{x}-\mu_0}{\sigma/\sqrt{n}}\right|=\left|\frac{99.98-100}{1.15/\sqrt{9}}\right|=0.052<1.96=z_{\alpha/2}$$

所以不能拒绝 H_0，故可认为此时包装机工作正常.

四、假设检验基本步骤

(1) 提出原假设 H_0 和备择假设 H_1；

(2) 确定检验统计量；

(3) 确定检验的拒绝域 R；

(4) 算出检验统计量的观察值，判定是否落入拒绝域 R，从而拒绝或接受 H_0 的结论.

第二节 正态总体均值的假设检验

一、单个正态总体 $N(\mu,\sigma^2)$ 均值 μ 的检验

1. σ^2 已知（Z 检验）

假设 $H_0:\mu=\mu_0$，$H_1:\mu\neq\mu_0$

因为 $Z=\frac{\overline{X}-\mu_0}{\sigma/\sqrt{n}}\sim N(0,1)$，由

$$P\left(\left|\frac{\overline{X}-\mu_0}{\sigma/\sqrt{n}}\right|\geqslant u_{\alpha/2}\right)=\alpha$$

得拒绝域为

$$R=\left\{\left|\frac{\overline{X}-\mu_0}{\sigma/\sqrt{n}}\right|\geqslant u_{\alpha/2}\right\}$$

【例 2】 某车间用切割机切割金属棒，切割的金属棒长度是一个随机变量，它服从正态分布．在正常工作时，切割金属棒的平均长度（单位：cm）为 10.5，标准差是 0.15．现从一批产品中随机地抽取 15 段进行测量，其结果如下：

10.4　10.6　10.1　10.4　10.5　10.3　10.3　10.2　10.9　10.6
10.8　10.5　10.7　10.2　10.7

取显著性水平 $\alpha=0.05$，问该切割机工作是否正常？

解　假设　$H_0:\mu=\mu_0=10.5$，$H_1:\mu\neq\mu_0$

选取统计量

$$Z=\frac{\overline{X}-\mu_0}{\sigma/\sqrt{n}}\sim N(0,1)$$

查表得 $z_{\alpha/2}=1.96$，则 H_0 的拒绝域为 $\{|Z|\geqslant 1.96\}$，又 $\overline{x}=10.48,\mu_0=10.5,\sigma=0.15,n=15$，算得

$$|z|=\left|\frac{\overline{x}-\mu_0}{\sigma/\sqrt{n}}\right|=\left|\frac{10.48-10.5}{0.15/\sqrt{15}}\right|=0.5164<1.96=z_{\alpha/2}$$

不在 H_0 的拒绝域内．故接受 $H_0:\mu=\mu_0=10.5$，即该切割机工作正常．

2. σ^2 未知（T 检验）

假设　$H_0:\mu=\mu_0$，$H_1:\mu\neq\mu_0$

选取统计量

$$T=\frac{\overline{X}-\mu_0}{S/\sqrt{n}}\sim t(n-1)$$

由

$$P\left(\left|\frac{\overline{X}-\mu_0}{S/\sqrt{n}}\right|\geqslant t_{\alpha/2}(n-1)\right)=\alpha$$

得拒绝域为

$$R=\left\{\left|\frac{\overline{X}-\mu_0}{S/\sqrt{n}}\right|\geqslant t_{\alpha/2}(n-1)\right\}$$

【例 3】 某产品的某一性能指标 X 服从正态分布 $X\sim N(72,\sigma^2)$，其中 σ^2 未知．现从某一天生产的产品中抽取 10 件，其性能指标的样本均值 $\bar{x}=60.4$，样本方差 $s^2=35.15$．给定显著水平 $\alpha=0.05$，现从该性能指标这一抽样结果检验这一天的生产是否正常．

解 假设 $H_0:\mu=\mu_0=72$，$H_1:\mu\neq\mu_0$

选取统计量

$$T=\frac{\overline{X}-\mu_0}{S/\sqrt{n}}\sim t(n-1)$$

查表得 $t_{\alpha/2}(n-1)=t_{0.025}(9)=2.262$，则 H_0 的拒绝域为 $\{|T|\geqslant 2.262\}$，又 $\bar{x}=60.4,\mu_0=72,s=\sqrt{35.15},n=10$，算得

$$|t|=\left|\frac{\bar{x}-\mu_0}{s/\sqrt{n}}\right|=\left|\frac{60.4-72}{\sqrt{35.15}/\sqrt{10}}\right|=6.19>2.262$$

在 H_0 的拒绝域内．故拒绝 $H_0:\mu=\mu_0=72$，即这一天的生产不正常．

单个正态总体均值的检验法列于表 10.1 中．

表 10.1 单个正态总体均值的检验法

H_0	H_1	在显著水平 α 下的拒绝域		检验类型
		方差 σ^2 已知	方差 σ^2 未知	
$\mu=\mu_0$	$\mu\neq\mu_0$	$\lvert z\rvert=\left\lvert\frac{\bar{x}-\mu_0}{\sigma/\sqrt{n}}\right\rvert\geqslant z_{\alpha/2}$	$\lvert t\rvert=\left\lvert\frac{\bar{x}-\mu_0}{s/\sqrt{n}}\right\rvert\geqslant t_{\alpha/2}(n-1)$	双侧
$\mu\leqslant\mu_0$	$\mu>\mu_0$	$z\geqslant z_\alpha$	$t\geqslant t_\alpha(n-1)$	单侧
$\mu\geqslant\mu_0$	$\mu<\mu_0$	$z\leqslant -z_\alpha$	$t\leqslant -t_\alpha(n-1)$	单侧

二、两个正态总体均值的检验

设 $X_1,X_2,\cdots,X_n$ 是来自总体 $N(\mu_1,\sigma_1{}^2)$ 的样本，$Y_1,Y_2,\cdots,Y_n$ 是来自总体 $N(\mu_2,\sigma_2{}^2)$ 的样本，且两样本独立，$\overline{X},\overline{Y}$ 分别为它们的样本均值，S_1^2，S_2^2 分别是样本方差．

1. $\sigma_1{}^2$，$\sigma_2{}^2$已知，关于μ_1,μ_2差异性的检验（Z检验）

假设　$H_0:\mu_1=\mu_2$，$H_1:\mu_1\neq\mu_2$

选取统计量

$$Z=\frac{\overline{X}-\overline{Y}}{\sqrt{\dfrac{\sigma_1^2}{n_1}+\dfrac{\sigma_2^2}{n_2}}}\sim N(0,1)$$

则有拒绝域

$$\{|Z|\geqslant z_{\alpha/2}\}$$

2. $\sigma_1^2=\sigma_2^2=\sigma^2$未知，关于$\mu_1,\mu_2$差异性的检验（$T$检验）

假设　$H_0:\mu_1=\mu_2$，$H_1:\mu_1\neq\mu_2$

选取检验统计量

$$T=\frac{\overline{X}-\overline{Y}}{S_\omega\sqrt{\dfrac{1}{n_1}+\dfrac{1}{n_2}}}\sim t(n_1+n_2-2)$$

$$S_\omega=\sqrt{\frac{(n_1-1)S_1^2+(n_2-1)S_2^2}{n_1+n_2-2}}$$

则有拒绝域

$$\{|T|>t_{\alpha/2}(n_1+n_2-2)\}$$

【例 4】 两箱中分别装有甲、乙两厂生产的产品，欲比较它们的质量．甲厂产品质量$X\sim N(\mu_1,\sigma_1^2)$，乙厂产品质量$Y\sim N(\mu_2,\sigma_2^2)$．假设$\sigma_1^2=\sigma_2^2$，现从$X$中取出10件，测得的质量（单位：kg）平均值为4.95，标准差为0.07；从Y中取出15件，测得的质量平均值为5.02，标准差为0.12，试检验两者平均质量有无显著差异（显著水平$\alpha=0.01$）．

解　假设　$H_0:\mu_1=\mu_2$，$H_1:\mu_1\neq\mu_2$

选取统计量

$$T=\frac{\overline{X}-\overline{Y}}{S_\omega\sqrt{\dfrac{1}{n_1}+\dfrac{1}{n_2}}}\sim t(n_1+n_2-2)$$

$n_1=10,n_2=15$，$t_{\alpha/2}(10+15-2)=t_{0.005}(23)=2.8073$，则拒绝域

为$\{|T|>2.8073\}$，由样本算得$\bar{x}=4.95$，$\bar{y}=5.02$，$S_1=0.07$，$S_2=0.12$，$S_\omega=0.1034$，则有$|t|=1.6583<2.8073$，不在H_0的拒绝域内．故接受$H_0:\mu_1=\mu_2$，即两者的平均质量无显著差异.

两个正态总体均值的检验法列于表10.2中.

表10.2　两个正态总体均值的检验法（显著性水平为α）

H_0	H_1	在显著水平α下的拒绝域		检验类型
		方差σ_1^2，σ_2^2已知	方差$\sigma_1^2=\sigma_2^2=\sigma^2$未知	
$\mu_1=\mu_2$	$\mu_1\neq\mu_2$	$\|z\|=\left\|\dfrac{\bar{x}-\bar{y}}{\sqrt{\dfrac{\sigma_1^2}{n_1}+\dfrac{\sigma_2^2}{n_2}}}\right\|\geqslant z_{\alpha/2}$	$\|t\|=\left\|\dfrac{\bar{x}-\bar{y}}{S_\omega\sqrt{\dfrac{1}{n_1}+\dfrac{1}{n_2}}}\right\|\geqslant t_{\alpha/2}(n_1+n_2-2)$	双侧
$\mu_1\leqslant\mu_2$	$\mu_1>\mu_2$	$z\geqslant z_\alpha$	$t\geqslant t_\alpha(n_1+n_2-2)$	单侧
$\mu_1\geqslant\mu_2$	$\mu_1<\mu_2$	$z\leqslant -z_\alpha$	$t\leqslant -t_\alpha(n_1+n_2-2)$	单侧

第三节　正态总体方差的假设检验

一、一个正态总体方差的检验

设总体$X\sim N(\mu,\sigma^2)$，μ未知，$X_1,X_2,\cdots,X_n$是来自总体X的样本，S^2为样本方差.

假设　$H_0:\sigma^2=\sigma_0^2$，$H_1:\sigma^2\neq\sigma_0^2$

选取检验统计量

$$\chi^2=\frac{(n-1)S^2}{\sigma_0^2}\sim\chi^2(n-1)$$

则有拒绝域

$$\{\chi^2\leqslant\chi^2_{1-\alpha/2}(n-1)\}\cup\{\chi^2\geqslant\chi^2_{\alpha/2}(n-1)\}$$

【例5】 某厂生产的某种型号的电池，其寿命（单位：h）长期以来服从方差$\sigma^2=5000$的正态分布，现有一批这种电池，从它的生产情况来看，寿命的波动性有所改变．现随机取26只电池，测出其寿命的样本方差$S^2=9200$. 根据这一数据推断这批电池的寿命的波动性较以往的电池寿命有无显著的变化（显著性水平$\alpha=0.02$).

解　假设　$H_0:\sigma^2=\sigma_0^2=5000$，$H_1:\sigma^2\neq\sigma_0^2$

选取统计量 $\chi^2=\dfrac{(n-1)S^2}{\sigma_0^2}$，由 $n=26,\alpha=0.02$ 知

$\chi^2_{1-\alpha/2}(25)=\chi^2_{0.99}(25)=11.524$，$\chi^2_{\alpha/2}(25)=\chi^2_{0.01}(25)=44.314$

则 H_0 的拒绝域为

$$\{\chi^2\leqslant 11.524\}\cup\{\chi^2\geqslant 44.314\}$$

又
$$\chi^2=\frac{25\times 9200}{5000}=46>44.314=\chi^2_{0.01}(25)$$

在 H_0 的拒绝域内．故拒绝 $H_0:\sigma^2=\sigma_0^2$，即这批电池的寿命的波动性较以往的电池寿命有显著的变化.

单个正态总体方差的检验法列于表 10.3 中.

表 10.3　单个正态总体方差的检验法（μ 未知）

H_0	H_1	在显著性水平 α 下 H_0 的拒绝域
$\sigma^2=\sigma_0^2$	$\sigma^2\neq\sigma_0^2$	$\dfrac{(n-1)s^2}{\sigma_0^2}\leqslant\chi^2_{1-\alpha/2}(n-1)$ 或 $\dfrac{(n-1)s^2}{\sigma_0^2}\geqslant\chi^2_{\alpha/2}(n-1)$
$\sigma^2\geqslant\sigma_0^2$	$\sigma^2<\sigma_0^2$	$\dfrac{(n-1)s^2}{\sigma_0^2}\leqslant\chi^2_{1-\alpha}(n-1)$
$\sigma^2\leqslant\sigma_0^2$	$\sigma^2>\sigma_0^2$	$\dfrac{(n-1)s^2}{\sigma_0^2}\geqslant\chi^2_{\alpha}(n-1)$

二、两个正态总体方差的检验

设 X_1，X_2，…，X_n 是来自总体 $N(\mu_1,\sigma_1^2)$ 的样本，Y_1,Y_2，…,Y_n 是来自总体 $N(\mu_2,\sigma_2^2)$ 的样本，且两样本独立，其样本方差分别为 S_1^2，S_2^2. 设 μ_1，μ_2，σ_1^2，σ_2^2 均为未知.

假设　$H_0:\sigma_1^2=\sigma_2^2$，$H_1:\sigma_1^2\neq\sigma_2^2$

选取检验统计量

$$F=\frac{S_1^2/\sigma_1^2}{S_2^2/\sigma_2^2}=\frac{S_1^2}{S_2^2}\sim F_\alpha(n_1-1,n_2-1)$$

则有拒绝域

$$\left\{F=\frac{s_1^2}{s_2^2}\geqslant F_{\alpha/2}(n_1-1,n_2-1)\right\}\cup\left\{F=\frac{s_1^2}{s_2^2}\leqslant F_{1-\alpha/2}(n_1-1,n_2-1)\right\}$$

【例 6】　设两批产品的长度总体分别服从分布 $N(\mu_1,\sigma_1^2)$，

$N(\mu_2,\sigma_2^2)$，且两样本相互独立，从两批产品中各抽取 6 件，测得 $s_1^2=0.93182$，$s_2^2=1.00000$，推断这两批产品的长度的方差是否相同（显著性水平 $\alpha=0.05$）.

解 假设 $H_0:\sigma_1^2=\sigma_2^2$，$H_1:\sigma_1^2\neq\sigma_2^2$

选取检验统计量

$$F=\frac{S_1^2}{S_2^2}\sim F_\alpha(n_1-1,n_2-1)$$

由 $n_1=n_2=6$，$F_{0.025}(5,5)=7.15$，$F_{1-0.025}(5,5)=0.14$，有拒绝域 $F\geqslant7.15$ 或 $F\leqslant0.14$，又 $F=\frac{s_1^2}{s_2^2}=0.94948$ 不在拒绝域内，故接受 $H_0:\sigma_1^2=\sigma_2^2$，即认为这两批产品的长度的方差相同.

正态总体方差的检验法列于表 10.4 中.

表 10.4 正态总体方差的检验法（μ_1，μ_2 未知）

H_0	H_1	在显著性水平 α 下 H_0 的拒绝域
$\sigma_1^2=\sigma_2^2$	$\sigma_1^2\neq\sigma_2^2$	$\frac{s_1^2}{s_2^2}\geqslant F_{\alpha/2}(n_1-1,n_2-1)$ 或 $\frac{s_1^2}{s_2^2}\leqslant F_{1-\alpha/2}(n_1-1,n_2-1)$
$\sigma_1^2\leqslant\sigma_2^2$	$\sigma_1^2>\sigma_2^2$	$\frac{s_1^2}{s_2^2}\geqslant F_\alpha(n_1-1,n_2-1)$
$\sigma_1^2\geqslant\sigma_2^2$	$\sigma_1^2<\sigma_2^2$	$\frac{s_1^2}{s_2^2}\leqslant F_{1-\alpha}(n_1-1,n_2-1)$

习题十

1. 某砖厂生产的砖的抗断强度（单位：10^5 Pa）为 X，服从正态分布．设方差 $\sigma^2=1.21$，从产品中随机地抽取 6 块，测得抗断强度值为

   32.66　29.86　31.74　30.15　32.88　31.05

   试检验这批砖的平均抗断强度是否为 32.50×10^5 Pa（显著性水平 $\alpha=0.05$）.

2. 已知某炼铁厂铁水含碳量服从正态分布 $N(4.55,0.108^2)$，现在测定了 9 炉铁水，其平均含碳量为 4.484. 假设方差没有变化，是否可以认为现在生产的铁水平均含碳量仍为 4.55（显著性水平 $\alpha=0.05$）.

3. 要求一种元件的使用寿命不得低于 1000 h. 现从一批这种元件中随机地抽取 25 件，测定寿命，算得寿命的平均值为 950 h. 已知该种元件的寿命 $X \sim N(\mu, \sigma^2)$，据经验知 $\sigma=100$h，试在检验水平 $\alpha=0.05$ 的条件下，确定这批元件是否合格.

4. 食品厂用自动装罐机装罐头食品，每罐标准重量（单位：g）为 500，每隔一定时间需要检验机器的工作情况，现抽 10 罐，测得其重量为

495　510　505　498　503　492　502　512　497　506

假设重量 $X \sim N(\mu, \sigma^2)$，问机器工作是否正常（显著性水平 $\alpha=0.02$）?

5. 某工厂生产的某种钢索的抗断强度（单位：Pa）$X \sim N(\mu, \sigma^2)$，其中 $\sigma=400$，现从一批这种钢索抽取 9 段进行检测，测得抗断强度平均值 $\bar{x}$ 比以往正常生产时的 μ 大 200，设总体方差不变．问是否可以认为这批钢索质量有显著提高（显著性水平 $\alpha=0.01$）?

6. 5 名测量人员彼此独立地测量同一块土地，分别测得这块土地的面积（单位：km^2）为

1.27　1.24　1.20　1.29　1.23

算得平均面积为 1.246. 设测量值总体服从正态分布，由这批样本值是否说明这块土地的面积不能达到 1.25（显著性水平 $\alpha=0.05$）?

7. 某炼铁厂的铁水含碳量 X 在正常情况下服从正态分布．现对操作工艺进行了某些改进，从中抽取 5 炉铁水测得含碳量数据如下：

4.421　4.052　4.357　4.287　4.683

据此是否可以认为新工艺炼出的铁水含碳量的方差仍为 0.108^2（显著性水平 $\alpha=0.05$）?

8. 在正常的生产条件下，某产品的测试指标总体 $X \sim N(\mu, 0.23^2)$，后来改变了生产工艺，生产出新产品，现从中随机地抽出 10 件，得样本标准差 $s=0.33$，问方差 σ^2 是否变大（显著性水平 $\alpha=0.05$）?

9. 某铁矿有 10 个样品，每一样品用两种方法各化验一次，测得含铁量（%）如下：

样品号	1	2	3	4	5	6	7	8	9	10
方法 1	28.22	33.95	38.25	42.52	37.62	37.84	36.12	35.11	34.45	32.83
方法 2	28.27	33.99	38.20	42.42	37.64	37.85	36.21	35.20	34.40	32.86

设两组数据来自正态分布的总体，两总体方差相等 $\sigma_1^2=\sigma_2^2$，试检验这两种方法有无显著差异（显著性水平 $\alpha=0.05$）.

习题参考答案

习题一

1. （1）$A_1\cup A_2$；（2）$A_1\overline{A}_2\overline{A}_3$；（3）$A_1A_2A_3$；（4）$\overline{A}_1\cup\overline{A}_2\cup\overline{A}_3$；（5）$A_1A_2\overline{A}_3\cup A_1\overline{A}_2A_3\cup\overline{A}_1A_2A_3$

2. 11/12

3. 3/8

4. 0.53

5. （1）$\frac{25}{49}$；（2）$\frac{10}{49}$；（3）$\frac{20}{49}$；（4）$\frac{5}{7}$

6. （1）$\frac{2}{5}$；（2）$\frac{8}{15}$；（3）$\frac{14}{15}$

7. 0.602

8. $\frac{7}{9}$

9. 一次拿3件的情况：（1）0.0588；（2）0.0594

每次拿1件，取后放回，拿3次的情况：（1）0.0576；（2）0.0588

每次拿1件，取后不放回，拿3次的情况：（1）0.0588；（2）0.0594

10. $\frac{12}{25}$

11. $\frac{5}{9}$

12. $\frac{7}{16}$

习题二

1. $\frac{1}{3}$

2. (1) $\frac{19}{58}$；(2) $\frac{19}{28}$

3. 0.18

4. (1) $\frac{3}{10}$；$\frac{3}{5}$

5. 0.93

6. (1) $\frac{41}{70}$；(2) $\frac{7}{12}$

7. (1) 0.4；(2) 0.485

8. (2) 0.943；(2) 0.85

9. $\frac{25}{69}$；$\frac{28}{69}$；$\frac{16}{69}$

10. $\frac{2}{9}$

11. 0.6

12. (1) 0.56；(2) 0.24；(3) 0.14

13. 0.458

14. 0.0512

15. $\frac{255}{256}$；$\frac{27}{128}$；$\frac{81}{256}$

习题三

1. $p=\frac{1}{2}$

2. 分布律为

X	1	2	3
P_k	0.6	0.3	0.1

分布函数 $F(x)=\begin{cases}0, & x<1\\ 0.6, & 1\leqslant x<2\\ 0.9, & 2\leqslant x<3\\ 1, & x\geqslant 3\end{cases}$

3. (1)

X_1	2	3	4	5	6	7	8	9	10	11	12
P_k	$\frac{1}{36}$	$\frac{2}{36}$	$\frac{3}{36}$	$\frac{4}{36}$	$\frac{5}{36}$	$\frac{6}{36}$	$\frac{5}{36}$	$\frac{4}{36}$	$\frac{3}{36}$	$\frac{2}{36}$	$\frac{1}{36}$

(2)

X_2	1	2	3	4	5	6
P_k	$\frac{11}{36}$	$\frac{9}{36}$	$\frac{7}{36}$	$\frac{5}{36}$	$\frac{3}{36}$	$\frac{1}{36}$

4.

X	0	1	2	3
P_k	$\frac{27}{64}$	$\frac{27}{64}$	$\frac{9}{64}$	$\frac{1}{64}$

5. (1) 0.163;(2) 0.353

6. (1) 0.321;(2) 0.243

7. (1) 0.029771;(2) 0.002840

8. (1) $A=1$;(2) 分布函数 $F(x)=\begin{cases}0, & x<0\\ x^2, & 0\leqslant x<1\\ 1, & x\geqslant 1\end{cases}$

9. (1) $\frac{1}{2}$;(2) $\frac{1}{2}-\frac{1}{2}\mathrm{e}^{-1}$;(3) $F(x)=\begin{cases}\frac{1}{2}\mathrm{e}^{x}, & x<0\\ 1-\frac{1}{2}\mathrm{e}^{-x}, & x\geqslant 0\end{cases}$

10. $\frac{232}{243}$

11. $\frac{3}{5}$

12. (1) 0.9861; (2) 0.0392; (3) 0.2177; (4) 0.8788;

(5) 0.0124

13. (1) 0.8051; (2) 0.5498; (3) 0.3264; (4) 0.6678; (5) 0.6147; (6) 0.8253

14. (1) $P(2<X\leqslant 5)=0.5328$，$P(-4<X\leqslant 10)=0.9996$，$P(|X|>2)=0.6977$，$P(X>3)=0.5$；

(2) $c=3$

15. 0.0456

16. 0.6826

17. 57.58

习题四

1.

X \ Y	0	1	2	3	X 的边缘分布律
0	$\frac{1}{27}$	$\frac{3}{27}$	$\frac{3}{27}$	$\frac{1}{27}$	$\frac{8}{27}$
1	$\frac{3}{27}$	$\frac{6}{27}$	$\frac{3}{27}$	0	$\frac{12}{27}$
2	$\frac{3}{27}$	$\frac{3}{27}$	0	0	$\frac{6}{27}$
3	$\frac{1}{27}$	0	0	0	$\frac{1}{27}$
Y 的边缘分布律	$\frac{8}{27}$	$\frac{12}{27}$	$\frac{6}{27}$	$\frac{1}{27}$	1

2.

X \ Y	y_1	y_2	y_3	X 的边缘分布律
x_1	$\frac{1}{24}$	$\frac{1}{8}$	$\frac{1}{12}$	$\frac{1}{4}$
x_2	$\frac{1}{8}$	$\frac{3}{8}$	$\frac{1}{4}$	$\frac{3}{4}$
Y 的边缘分布律	$\frac{1}{6}$	$\frac{1}{2}$	$\frac{1}{3}$	1

3. (1) $A=6$；

(2) $F(x,y)=\begin{cases}(1-e^{-2x})(1-e^{-3y}), & x>0,y>0\\ 0, & 其他\end{cases}$

(3) 0.9826

4. X 与 Y 相互独立，所求概率为 $P(X>0.1,Y>0.1)=0.9048$

5. $f_X(x)=\begin{cases}2.4x^2(2-x), & 0\leqslant x\leqslant 1\\ 0, & 其他\end{cases}$

$$f_Y(y)=\begin{cases}2.4y(3-4y+y^2), & 0\leqslant y\leqslant 1\\ 0, & 其他\end{cases}$$

6.

(1) $f_X(x)=\begin{cases}2x, & 0<x<1\\ 0, & 其他\end{cases}$　$f_Y(y)=\begin{cases}1-|y|, & |y|<1\\ 0, & 其他\end{cases}$

(2) $f_{Y|X}(y|x)=\begin{cases}\dfrac{1}{2x}, & |y|<x\\ 0, & 其他\end{cases}$

$$f_{X|Y}(x|y)=\begin{cases}\dfrac{1}{1-|y|}, & |y|<x<1\\ 0, & 其他\end{cases}$$

7. 略

习题五

1. (1) 0.9；(2) 0.8；(3) 1.9；(4) 4.8；(5) 1.09

2. 不存在

3. $n=3, p=0.2$

4. (1) $\frac{29}{8}$；(2) $\frac{71}{16}$

5. $\frac{33}{2}$

6. (1) $\frac{3}{4}$；(2) $\frac{3}{80}$

7. (1) -3；(2) $-\frac{7}{3}$；(3) 1

8. $a=12, b=-12$

9. (1) 0.4； (2) 0.8； (3) 3； (4) 0.24； (5) 1.56；(6) -0.12；(7) $-\frac{3\sqrt{22}}{110}$

10. (1) $\frac{\pi}{4}$； (2) $\frac{\pi}{4}$； (3) $\frac{\pi}{2}-1$； (4) $\frac{\pi^2}{16}+\frac{\pi}{2}-2$；(5) $\frac{\pi^2}{16}+\frac{\pi}{2}-2$

11. (1) $\frac{2}{3}$；(2) $\frac{1}{6}$；(3) $\frac{2}{9}$

12. (1) $\frac{4}{5}$；(2) $\frac{3}{5}$；(3) $\frac{1}{2}$；(4) $\frac{16}{15}$

13. (1) -1；(2) 17

14. (1) 16；(2) 16

15. (1) 19；(2) $\frac{29}{2}$

习题六

1. 大于等于 0.96

2. 大于等于$\frac{8}{9}$

3. 0.8944

4. 14

5. (1) 0.1802；(2) 443

6. 0.4714

习题七

1. (1) 是；(2) 不是；(3) 不是；(4) 是

2. 0.8 ；0.0433；0.2081

3. 0.8293

4. 0.6744

5. 0.0787

6. 略

习题八

1. 矩估计量为 $\hat{N}=2\overline{X}-1$，矩估计值为 $\hat{N}=2x-1$

2. $\hat{\theta}=\dfrac{2n_1+n_2}{2n}$

3. (1) $\hat{\theta}=\left(\dfrac{\overline{x}}{1-\overline{x}}\right)^2$；(2) $\hat{\theta}=\dfrac{1-2\overline{x}}{\overline{x}-1}$；

(3) $\hat{\theta}=\sqrt{\dfrac{1}{n}\sum\limits_{i=1}^{n}(X_i-\overline{X})^2}$，$\hat{\mu}=\overline{X}-\sqrt{\dfrac{1}{n}\sum\limits_{i=1}^{n}(X_i-\overline{X})^2}$

4. (1) $\hat{\theta}=\left(\dfrac{1}{n}\sum\limits_{i=1}^{n}\ln x_i\right)^{-2}$；(2) $\hat{\theta}=\dfrac{\sum\limits_{i=1}^{n}(x_i-\hat{\mu})}{n}=\overline{x}-x_{(1)}$

5. (1) 略；(2) $\dfrac{x_{(n)}}{2}$，是无偏估计，是相合估计

6. $\hat{\mu}_3$ 的有效性最差

习题九

1. (1) (5.608，6.392)；(2) (5.558，6.442)

2. (1) (6.675，6.681)，$(6.8\times10^{-6}, 6.5\times10^{-5})$；

(2) (6.661，6.667)，$(3.8\times10^{-6}, 5.06\times10^{-5})$

3. (7.43，21.07)，(55.204，444.037)

4. (−0.002，0.006)

5. (0.222，3.601)

习题十

1. 这批砖的平均抗断强度不为 32.50×10^5 Pa
2. 可以认为现在生产的铁水平均含碳量仍为 4.55
3. 这批元件不合格
4. 机器工作正常
5. 这批钢索质量没有显著提高
6. 这块土地的面积能达到 1.25
7. 方差不能认为是 0.108^2
8. 方差 σ^2 变大
9. 两种方法没有显著差异

附　录

附表 1　常用分布及其数学期望与方差

分布名称	分布律或分布密度	数学期望	方差
0—1 分布	$P(X=k)=\begin{cases}1-p, & k=0\\ p, & k=1\end{cases}$	p	$p(1-p)$
二项分布 $B(n,p)$	$P(X=k)=C_n^k p^k(1-p)^{n-k}$ $k=0,1,2,\cdots,n$	np	$np(1-p)$
泊松分布 $P(\lambda)$	$P(X=k)=\frac{\lambda^k}{k!}e^{-\lambda}$ $k=0,1,2,\cdots$	λ	λ
几何分布 $G(p)$	$P(X=k)=p(1-p)^{k-1}$ $k=1,2,\cdots$	$\frac{1}{p}$	$\frac{1-p}{p^2}$
超几何分布 $H(n,M,N)$	$P(X=k)=\frac{C_M^k C_{N-M}^{n-k}}{C_N^n}$ $n\leqslant N,M\leqslant N,k,n,M,N$ 为正整数 $\max(0,n-N+M)\leqslant k\leqslant\min(n,M)$	$\frac{nM}{N}$	$\frac{nM(N-n)}{N(N-1)}\times\left(1-\frac{M}{N}\right)$
均匀分布 $U(a,b)$	$f(x)=\begin{cases}\frac{1}{b-a}, & a<x<b\\ 0, & 其他\end{cases}$	$\frac{a+b}{2}$	$\frac{(b-a)^2}{12}$
指数分布 $E(\lambda)$	$f(x)=\begin{cases}\lambda e^{-\lambda x}, & x>0\\ 0, & x\leqslant 0\end{cases}$	$\frac{1}{\lambda}$	$\frac{1}{\lambda^2}$
正态分布 $N(\mu,\sigma^2)$	$f(x)=\frac{1}{\sqrt{2\pi}\sigma}e^{-\frac{(x-\mu)^2}{2\sigma^2}}$ $-\infty<x<+\infty$	μ	σ^2
χ^2 分布 $\chi^2(n)$	$f(x)=\begin{cases}\frac{1}{2^{\frac{n}{2}}\Gamma(n/2)}x^{\frac{n}{2}-1}e^{-\frac{x}{2}}, & x>0\\ 0, & x\leqslant 0\end{cases}$	n	$2n$

续表

分布名称	分布律或分布密度	数学期望	方差
t 分布 $t(n)$	$f(x)=\dfrac{\Gamma\left(\frac{n+1}{2}\right)}{\sqrt{n\pi}\Gamma(n/2)}\left(1+\dfrac{x^2}{n}\right)^{-\frac{n+1}{2}}$ $-\infty<x<+\infty$	0 $(n>1)$	$\dfrac{n}{n-2}$ $(n>2)$
F 分布 $F(n_1,n_2)$	$f(x)=\begin{cases}\dfrac{\Gamma\left(\frac{n_1+n_2}{2}\right)\left(\frac{n_1}{n_2}\right)^{\frac{n_1}{2}}x^{\frac{n_1}{2}-1}}{\Gamma\left(\frac{n_1}{2}\right)\Gamma\left(\frac{n_2}{2}\right)(1+\frac{n_1}{n_2}x)^{\frac{n_1+n_2}{2}}}, & x>0\\ 0, & x\leqslant 0\end{cases}$	$\dfrac{n_2}{n_2-2}$ $(n_2>2)$	$\dfrac{2n_2^2(n_1+n_2-2)}{n_1(n_2-2)^2(n_2-4)}$ $(n_2>4)$

附表 2 泊松分布表

分布律：$P(X=k)=\dfrac{\lambda_k}{k!}e^{-\lambda}(k=0,1,2,\cdots)$

λ	k	0	1	2	3	4	5	6	7	8	9
0.1	0	0.9048	0.0905	0.0045	0.0002						
0.2	0	0.8187	0.1638	0.0164	0.0011	0.0001					
0.3	0	0.7408	0.2222	0.0333	0.0033	0.0003					
0.4	0	0.6703	0.2681	0.0536	0.0072	0.0007	0.0001				
0.5	0	0.6065	0.3033	0.0758	0.0126	0.0016	0.0002				
0.6	0	0.5488	0.3293	0.0988	0.0918	0.0030	0.0004				
0.7	0	0.4966	0.3476	0.1217	0.0284	0.0050	0.0007	0.0001			
0.8	0	0.4493	0.3595	0.1438	0.0383	0.0077	0.0012	0.0002			
0.9	0	0.4066	0.3659	0.1647	0.0494	0.0111	0.0020	0.0003			
1.0	0	0.3679	0.3679	0.1839	0.0631	0.0153	0.0031	0.0005	0.0001		
1.5	0	0.2231	0.3347	0.2510	0.1255	0.0471	0.0141	0.0035	0.0008	0.0001	
2.0	0	0.1353	0.2707	0.2707	0.1804	0.0902	0.0361	0.0120	0.0034	0.0009	0.0002
2.5	0	0.0821	0.2052	0.2565	0.2138	0.1336	0.0668	0.0278	0.0099	0.0031	0.0009
	10	0.0002	0.0001								
3.0	0	0.0498	0.1494	0.2240	0.2240	0.1680	0.1008	0.0504	0.0216	0.0081	0.0027
	10	0.0008	0.0002	0.0001							
3.5	0	0.0302	0.1057	0.1850	0.2158	0.1888	0.1322	0.0771	0.0386	0.0169	0.0066
	10	0.0023	0.0007	0.0002	0.0001						
4.0	0	0.0183	0.0733	0.1465	0.1954	0.1954	0.1563	0.1042	0.0595	0.0298	0.0132
	10	0.0053	0.0019	0.0006	0.0002	0.0001					

续表

λ	k	0	1	2	3	4	5	6	7	8	9
4.5	0	0.0111	0.0500	0.1125	0.1687	0.1898	0.1708	0.1281	0.0824	0.0463	0.0232
	10	0.0104	0.0043	0.0016	0.0006	0.0002	0.0001				
5.0	0	0.0067	0.0337	0.0842	0.1404	0.1755	0.1755	0.1462	0.1045	0.0653	0.0363
	10	0.0181	0.0082	0.0034	0.0013	0.0005	0.0002	0.0001			
6.0	0	0.0025	0.0149	0.0446	0.0892	0.1339	0.1606	0.1606	0.1377	0.1033	0.0688
	10	0.0413	0.0225	0.0113	0.0052	0.0022	0.0009	0.0003	0.0001		
7.0	0	0.0009	0.0064	0.0223	0.0521	0.0912	0.1277	0.1490	0.1490	0.1304	0.1014
	10	0.0710	0.0452	0.0264	0.0142	0.0071	0.0033	0.0015	0.0006	0.0002	0.0001
8.0	0	0.0003	0.0027	0.0107	0.0286	0.0573	0.0916	0.1221	0.1396	0.1396	0.1241
	10	0.0993	0.0722	0.0481	0.0296	0.0169	0.0090	0.0045	0.0021	0.0009	0.0004
	20	0.0002	0.0001								
9.0	0	0.0001	0.0011	0.0050	0.0150	0.0337	0.0607	0.0911	0.1171	0.1318	0.1318
	10	0.1186	0.0970	0.0728	0.0504	0.0324	0.0194	0.0109	0.0058	0.0029	0.0014
	20	0.0006	0.0003	0.0001							
10	0		0.0005	0.0023	0.0076	0.0189	0.0378	0.0631	0.0901	0.1126	0.1251
	10	0.1251	0.1137	0.0948	0.0729	0.0521	0.0347	0.0217	0.0128	0.0071	0.0037
	20	0.0019	0.0009	0.0004	0.0002	0.0001					
20	0						0.0001	0.0002	0.0005	0.0013	0.0029
	10	0.0058	0.0106	0.0176	0.0271	0.0382	0.0517	0.0646	0.0760	0.0844	0.0888
	20	0.0888	0.0846	0.0769	0.0669	0.0557	0.0446	0.0343	0.0254	0.0182	0.0125
	30	0.0083	0.0054	0.0034	0.0020	0.0012	0.0007	0.0004	0.0002	0.0001	0.0001
30	10			0.0001	0.0002	0.0005	0.0010	0.0019	0.0034	0.0057	0.0089
	20	0.0134	0.0192	0.0261	0.0341	0.0426	0.0511	0.0590	0.0655	0.0702	0.0726
	30	0.0726	0.0703	0.0659	0.0599	0.0529	0.0453	0.0378	0.0306	0.0242	0.0186
	40	0.0139	0.0102	0.0073	0.0051	0.0035	0.0023	0.0015	0.0010	0.0006	0.0004
	50	0.0002	0.0001	0.0001							
40	10									0.0001	0.0001
	20	0.0002	0.0004	0.0007	0.0012	0.0019	0.0031	0.0047	0.0070	0.0100	0.0139
	30	0.0185	0.0238	0.0298	0.0361	0.0425	0.0485	0.0539	0.0583	0.0614	0.0630
	40	0.0630	0.0614	0.0585	0.0544	0.0495	0.0440	0.0382	0.0325	0.0271	0.0221
	50	0.0177	0.0139	0.0107	0.0081	0.0060	0.0043	0.0031	0.0022	0.0015	0.0010
	60	0.0007	0.0005	0.0003	0.0002	0.0001	0.0001				
50	20							0.0001	0.0001	0.0002	0.0004
	30	0.0007	0.0011	0.0017	0.0026	0.0038	0.0054	0.0075	0.0102	0.0134	0.0172
	40	0.0215	0.0262	0.0312	0.0363	0.0412	0.0458	0.0498	0.0530	0.0552	0.0563
	50	0.0563	0.0552	0.0531	0.0501	0.0464	0.0422	0.0377	0.0330	0.0285	0.0241
	60	0.0201	0.0165	0.0133	0.0106	0.0082	0.0063	0.0048	0.0036	0.0026	0.0019
	70	0.0014	0.0010	0.0007	0.0005	0.0003	0.0002	0.0001	0.0001	0.0001	

注：表中空格处均近似为0。

附表 3　标准正态分布表

$$\Phi(x)=\int_{-\infty}^{x}\frac{1}{\sqrt{2\pi}}e^{-\frac{t^2}{2}}dt=P(X\leqslant x)$$

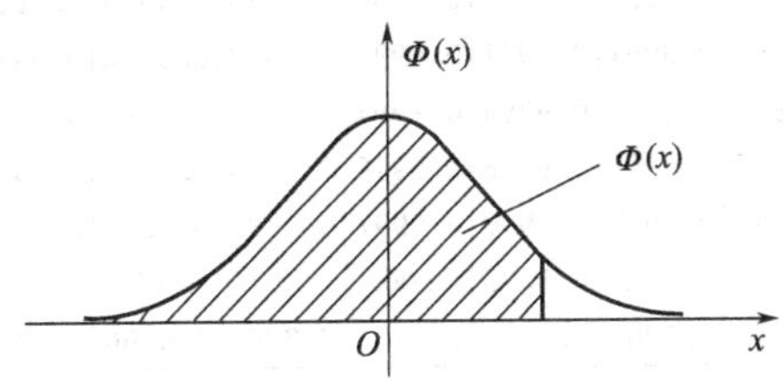

x	0	1	2	3	4	5	6	7	8	9
0.0	0.5000	0.5040	0.5080	0.5120	0.5160	0.5199	0.5239	0.5279	0.5319	0.5359
0.1	0.5398	0.5438	0.5478	0.5517	0.5557	0.5596	0.5636	0.5675	0.5714	0.5753
0.2	0.5793	0.5832	0.5871	0.5910	0.5948	0.5987	0.6026	0.6064	0.6103	0.6141
0.3	0.6179	0.6217	0.6255	0.6293	0.6331	0.6368	0.6406	0.6443	0.6480	0.6517
0.4	0.6554	0.6591	0.6628	0.6664	0.6700	0.6736	0.6772	0.6808	0.6844	0.6879
0.5	0.6915	0.6950	0.6985	0.7019	0.7054	0.7088	0.7123	0.7157	0.7190	0.7224
0.6	0.7257	0.7291	0.7324	0.7357	0.7389	0.7422	0.7454	0.7486	0.7517	0.7549
0.7	0.7580	0.7611	0.7642	0.7673	0.7703	0.7734	0.7764	0.7794	0.7823	0.7852
0.8	0.7881	0.7910	0.7939	0.7967	0.7995	0.8023	0.8051	0.8078	0.8106	0.8133
0.9	0.8159	0.8186	0.8212	0.8238	0.8264	0.8289	0.8315	0.8340	0.8365	0.8389
1.0	0.8413	0.8438	0.8461	0.8485	0.8508	0.8531	0.8554	0.8577	0.8599	0.8621
1.1	0.8643	0.8665	0.8686	0.8708	0.8729	0.8749	0.8770	0.8790	0.8810	0.8830
1.2	0.8849	0.8869	0.8888	0.8907	0.8925	0.8944	0.8962	0.8980	0.8997	0.9015
1.3	0.9032	0.9049	0.9066	0.9082	0.9099	0.9115	0.9131	0.9147	0.9162	0.9177
1.4	0.9192	0.9207	0.9222	0.9236	0.9251	0.9265	0.9278	0.9292	0.9306	0.9319
1.5	0.9332	0.9345	0.9357	0.9370	0.9382	0.9394	0.9406	0.9418	0.9430	0.9441
1.6	0.9452	0.9463	0.9474	0.9484	0.9495	0.9505	0.9515	0.9525	0.9535	0.9545
1.7	0.9554	0.9564	0.9573	0.9582	0.9591	0.9599	0.9608	0.9616	0.9625	0.9633
1.8	0.9641	0.9648	0.9656	0.9664	0.9671	0.9678	0.9686	0.9693	0.9700	0.9706
1.9	0.9713	0.9719	0.9726	0.9732	0.9738	0.9744	0.9750	0.9756	0.9762	0.9767
2.0	0.9772	0.9778	0.9783	0.9788	0.9793	0.9798	0.9803	0.9808	0.9812	0.9817
2.1	0.9821	0.9826	0.9830	0.9834	0.9838	0.9842	0.9846	0.9850	0.9854	0.9857
2.2	0.9861	0.9864	0.9868	0.9871	0.9874	0.9878	0.9881	0.9884	0.9887	0.9890
2.3	0.9893	0.9896	0.9898	0.9901	0.9904	0.9906	0.9909	0.9911	0.9913	0.9916
2.4	0.9918	0.9920	0.9922	0.9925	0.9927	0.9929	0.9931	0.9932	0.9934	0.9936
2.5	0.9938	0.9940	0.9941	0.9943	0.9945	0.9946	0.9948	0.9949	0.9951	0.9952
2.6	0.9953	0.9950	0.9956	0.9957	0.9959	0.9960	0.9961	0.9962	0.9963	0.9964
2.7	0.9965	0.9966	0.9967	0.9968	0.9969	0.9970	0.9971	0.9972	0.9973	0.9974
2.8	0.9974	0.9975	0.9976	0.9977	0.9977	0.9978	0.9979	0.9979	0.9980	0.9981
2.9	0.9981	0.9982	0.9982	0.9983	0.9984	0.9984	0.9985	0.9985	0.9986	0.9986

续表

x	0	1	2	3	4	5	6	7	8	9
3.0	0.9987	0.9987	0.9987	0.9988	0.9988	0.9989	0.9989	0.9989	0.9990	0.9990
3.1	0.9990	0.9991	0.9991	0.9991	0.9992	0.9992	0.9992	0.9992	0.9993	0.9993
3.2	0.9993	0.9993	0.9994	0.9994	0.9994	0.9994	0.9995	0.9995	0.9995	0.9995
3.3	0.9995	0.9995	0.9995	0.9996	0.9996	0.9996	0.9996	0.9996	0.9996	0.9997
3.4	0.9997	0.9997	0.9997	0.9997	0.9997	0.9997	0.9997	0.9997	0.9997	0.9998
α	0.0001	0.0005	0.001	0.0025	0.005	0.01	0.025	0.05	0.1	0.25
u_α	3.7190	3.2905	3.0902	2.8070	2.5758	2.3263	1.9600	1.6449	1.2816	0.6745

附表4 t 分布表

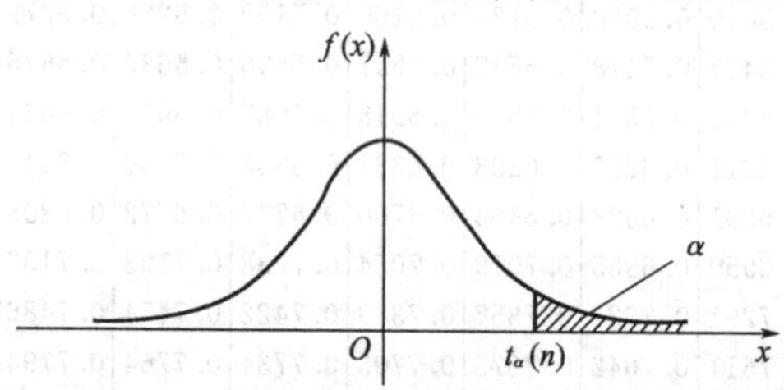

$P\left(t(n)>t_\alpha(n)\right)=\alpha$

n \ α	0.25	0.10	0.05	0.025	0.01	0.005
1	1.0000	3.0777	6.3138	12.7062	31.8207	63.6574
2	0.8165	1.8856	2.9200	4.3027	6.9646	9.9248
3	0.7649	1.6377	2.3534	3.1824	4.5407	5.8409
4	0.7407	1.5332	2.1318	2.7764	3.7469	4.6041
5	0.7267	1.4759	2.0150	2.5706	3.3649	4.0322
6	0.7176	1.4398	1.9432	2.4469	3.1427	3.7074
7	0.7111	1.4149	1.8946	2.3646	2.9980	3.4995
8	0.7064	1.3968	1.8595	2.3060	2.8965	3.3554
9	0.7027	1.3830	1.8331	2.2622	2.8214	3.2498
10	0.6998	1.3722	1.8125	2.2281	2.7638	3.1693
11	0.6974	1.3634	1.7959	2.2010	2.7181	3.1058
12	0.6955	0.3562	1.7823	2.1788	2.6810	3.0545
13	0.6938	1.3502	1.7709	2.1604	2.6503	3.0123
14	0.6924	1.3450	1.7613	2.1448	2.6245	2.9768
15	0.6912	1.3406	1.7531	2.1315	2.6025	2.9467
16	0.6901	1.3368	1.7459	2.1199	2.5835	2.9208
17	0.6892	1.3334	1.7396	2.1098	2.5669	2.8982

续表

n \ α	0.25	0.10	0.05	0.025	0.01	0.005
18	0.6884	1.3304	1.7341	2.1009	2.5524	2.8784
19	0.6876	1.3277	1.7291	2.0930	2.5395	2.8609
20	0.6870	1.3253	1.7247	2.0860	2.5280	2.8453
21	0.6864	1.3232	1.7207	2.0796	2.5177	2.8314
22	0.6858	1.3212	1.7171	2.0739	2.5083	2.8188
23	0.6853	1.3195	1.7139	2.0687	2.4999	2.8073
24	0.6848	1.3178	1.7109	2.0639	2.4922	2.7969
25	0.6844	1.3163	1.7081	2.0595	2.4851	2.7874
26	0.6840	1.3150	1.7058	2.0555	2.4786	2.7787
27	0.6837	1.3137	1.7033	2.0518	2.4727	2.7707
28	0.6834	1.3125	1.7011	2.0484	2.4671	2.7633
29	0.6830	1.3114	1.6991	2.0452	2.4620	2.7564
30	0.6828	1.3104	1.6973	2.0423	2.4573	2.7500
31	0.6825	1.3095	1.6955	2.0395	2.4528	2.7440
32	0.6822	1.3086	1.6939	2.0369	2.4487	2.7385
33	0.6820	1.3077	1.6924	2.0345	2.4448	2.7333
34	0.6818	1.3070	1.6909	2.0322	2.4411	2.7284
35	0.6816	1.3062	1.6896	2.0301	2.4377	2.7238
36	0.6814	1.3055	1.6883	2.0281	2.4345	2.7195
37	0.6812	1.3049	1.6871	2.0262	2.4314	2.7154
38	0.6810	1.3042	1.6860	2.0244	2.4286	2.7116
39	0.6808	1.3036	1.6849	2.0227	2.4258	2.7079
40	0.6807	1.3031	1.6839	2.0211	2.4233	2.7045
41	0.6805	1.3025	1.6829	2.0195	2.4208	2.7012
42	0.6804	1.3020	1.6820	2.0181	2.4185	2.6981
43	0.6802	1.3016	1.6811	2.0167	2.4163	2.6951
44	0.6801	1.3011	1.6802	2.0154	2.4141	2.6923
45	0.6800	1.3006	1.6794	2.0141	2.4121	2.6896

附表 5 χ^2 分布表

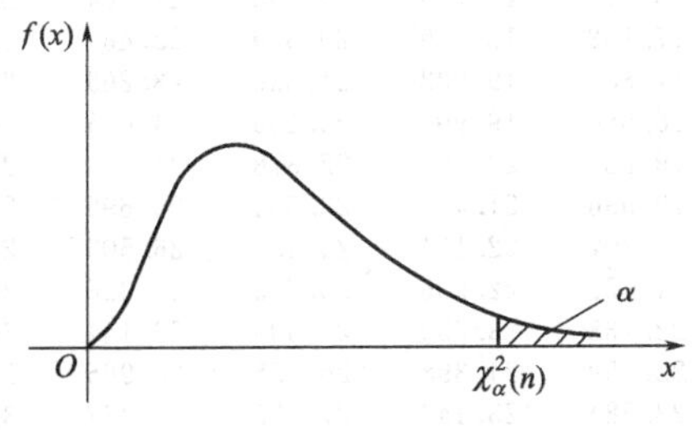

$P(\chi^2(n) > \chi^2_\alpha(n)) = \alpha$

续表

α / n	0.995	0.99	0.975	0.95	0.90	0.75
1	—	—	0.001	0.004	0.016	0.102
2	0.010	0.020	0.051	0.103	0.211	0.575
3	0.072	0.115	0.216	0.352	0.584	1.213
4	0.207	0.297	0.484	0.711	1.064	1.923
5	0.412	0.554	0.831	1.145	1.610	2.675
6	0.676	0.872	1.237	1.635	2.204	3.455
7	0.989	1.239	1.690	2.167	2.833	4.255
8	1.344	1.646	2.180	2.733	3.490	5.071
9	1.735	2.088	2.700	3.325	4.168	5.899
10	2.156	2.558	3.247	3.940	4.865	6.737
11	2.603	3.053	3.816	4.575	5.578	7.584
12	3.074	3.571	4.404	5.226	6.304	8.438
13	3.565	4.107	5.009	5.892	7.042	9.299
14	4.075	4.660	5.629	6.571	7.790	10.165
15	4.601	5.229	6.262	7.261	8.547	11.037
16	5.142	5.812	6.908	7.962	9.312	11.912
17	5.697	6.408	7.564	8.672	10.085	12.792
18	6.265	7.015	8.231	9.390	10.865	13.675
19	6.844	7.633	8.907	10.117	11.651	14.562
20	7.434	8.260	9.591	10.851	12.443	15.452
21	8.034	8.897	10.283	11.591	13.240	16.344
22	8.643	9.542	10.982	12.338	14.042	17.240
23	9.260	10.196	11.689	13.091	14.848	18.137
24	9.886	10.856	12.401	13.848	15.659	19.037
25	10.520	11.524	13.120	14.611	16.473	19.939
26	11.160	12.198	13.844	15.379	17.292	20.843
27	11.808	12.879	14.573	16.151	18.114	21.749
28	12.461	13.565	15.308	16.928	18.939	22.657
29	13.121	14.257	16.047	17.708	19.768	23.567
30	13.787	14.954	16.791	18.493	20.599	24.478
31	14.458	15.655	17.539	19.281	21.434	25.390
32	15.134	16.362	18.291	20.072	22.271	26.304
33	15.815	17.074	19.047	20.807	23.110	27.219
34	16.501	17.789	19.806	21.664	23.952	28.136
35	17.192	18.509	20.569	22.465	24.797	29.054
36	17.887	19.233	21.336	23.269	25.613	29.973
37	18.586	19.960	22.106	24.075	26.492	30.893
38	19.289	20.691	22.878	24.884	27.343	31.815
39	19.996	21.426	23.654	25.695	28.196	32.737
40	20.707	22.164	24.433	26.509	29.051	33.660
41	21.421	22.906	25.215	27.326	29.907	34.585
42	22.138	23.650	25.999	28.144	30.765	35.510
43	22.859	24.398	26.785	28.965	31.625	36.430
44	23.584	25.143	27.575	29.787	32.487	37.363
45	24.311	25.901	28.366	30.612	33.350	38.291

续表

n \ α	0.25	0.10	0.05	0.025	0.01	0.005
1	1.323	2.706	3.841	5.024	6.635	7.879
2	2.773	4.605	5.991	7.378	9.210	10.597
3	4.108	6.251	7.815	9.348	11.345	12.838
4	5.385	7.779	9.488	11.143	13.277	14.860
5	6.626	9.236	11.071	12.833	15.086	16.750
6	7.841	10.645	12.592	14.449	16.812	18.548
7	9.037	12.017	14.067	16.013	18.475	20.278
8	10.219	13.362	15.507	17.535	20.090	21.955
9	11.389	14.684	16.919	19.023	21.666	23.589
10	12.549	15.987	18.307	20.483	23.209	25.188
11	13.701	17.275	19.675	21.920	24.725	26.757
12	14.845	18.549	21.026	23.337	26.217	28.299
13	15.984	19.812	22.362	24.736	27.688	29.819
14	17.117	21.064	23.685	26.119	29.141	31.319
15	18.245	22.307	24.996	27.488	30.578	32.801
16	19.369	23.542	26.296	28.845	32.000	34.267
17	20.489	24.769	27.587	30.191	33.409	35.718
18	21.605	25.989	28.869	31.526	34.805	37.156
19	22.718	27.204	30.144	32.852	36.191	38.582
20	23.828	28.412	31.410	34.170	37.566	39.997
21	24.935	29.615	32.671	35.479	38.932	41.401
22	26.039	30.813	33.924	36.781	40.289	42.796
23	27.141	32.007	35.172	38.076	41.638	44.181
24	28.241	33.196	36.415	39.364	42.980	45.559
25	29.339	34.382	37.652	40.646	44.314	46.928
26	30.435	35.563	38.885	41.923	45.642	48.290
27	31.528	36.741	40.113	43.194	46.963	49.645
28	32.620	37.916	41.337	44.461	48.278	50.993
29	33.711	39.087	42.557	45.722	49.588	52.336
30	34.800	40.256	43.773	46.979	50.892	53.672
31	35.887	41.422	44.985	48.232	52.191	55.003
32	36.973	42.585	46.194	49.480	53.486	56.328
33	38.053	43.745	47.400	50.725	54.776	57.648
34	39.141	44.903	48.602	51.966	56.061	58.964
35	40.223	46.059	49.802	53.203	57.342	60.275
36	41.304	47.212	50.998	54.437	58.619	61.581
37	42.383	48.363	52.192	55.668	59.892	62.883
38	43.462	49.513	53.384	56.896	61.162	64.181
39	44.539	50.660	54.572	58.120	62.428	65.476
40	45.616	51.805	55.758	59.342	63.691	66.766
41	46.692	52.949	53.942	60.561	64.950	68.053
42	47.766	54.090	58.124	61.777	66.206	69.336
43	48.840	55.230	59.304	62.990	67.459	70.616
44	49.913	56.369	60.481	64.201	68.710	71.893
45	50.985	57.505	61.656	65.410	69.957	73.166

附录 6　F 分布表

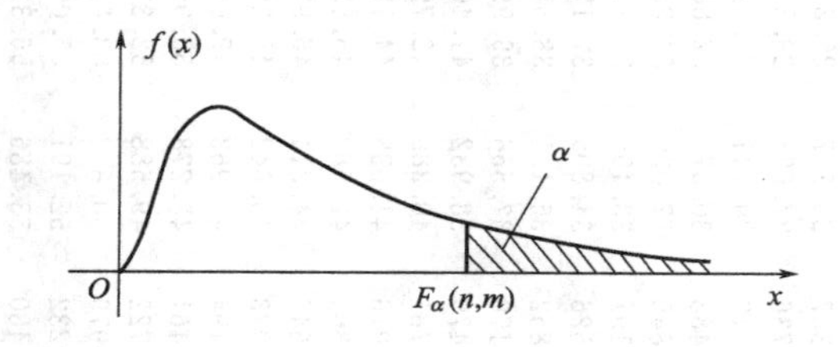

$P(F(n_1,n_2)>F_\alpha(n_1,n_2))=\alpha$

$\alpha=0.10$

n_2 \ n_1	1	2	3	4	5	6	7	8	9	10	12	15	20	24	30	40	60	120	∞
1	39.86	49.50	53.59	55.83	57.24	58.20	58.91	59.44	59.86	60.19	60.71	61.22	61.74	62.00	62.26	62.53	62.79	63.06	63.33
2	8.53	9.00	9.16	9.24	9.29	9.33	9.35	9.37	9.38	9.39	9.41	9.42	9.44	9.45	9.46	9.47	9.47	9.48	9.49
3	5.54	5.46	5.39	5.34	5.31	5.28	5.27	5.25	5.24	5.23	5.22	5.20	5.18	5.18	5.17	5.16	5.15	5.14	5.13
4	4.54	4.32	4.19	4.11	4.05	4.01	3.98	3.95	3.94	3.92	3.90	3.87	3.84	3.83	3.82	3.80	3.79	3.78	3.76
5	4.06	3.78	3.62	3.52	3.45	3.40	3.37	3.34	3.32	3.30	3.27	3.24	3.21	3.19	3.17	3.16	3.14	3.12	3.10
6	3.78	3.46	3.29	3.18	3.11	3.05	3.01	2.98	2.96	2.94	2.90	2.87	2.84	2.82	2.80	2.78	2.76	2.74	2.72
7	3.59	3.26	3.07	2.96	2.88	2.83	2.78	2.75	2.72	2.70	2.67	2.63	2.59	2.58	2.56	2.54	2.51	2.49	2.47
8	3.46	3.11	2.92	2.81	2.73	2.67	2.62	2.59	2.56	2.54	2.50	2.46	2.42	2.40	2.38	2.36	2.34	2.32	2.29
9	3.36	3.01	2.81	2.69	2.61	2.55	2.51	2.47	2.44	2.42	2.38	2.34	2.30	2.28	2.25	2.23	2.21	2.18	2.16
10	3.29	2.92	2.73	2.61	2.52	2.46	2.41	2.38	2.35	2.32	2.28	2.24	2.20	2.18	2.16	2.13	2.11	2.08	2.06
11	3.23	2.86	2.66	2.54	2.45	2.39	2.34	2.30	2.27	2.25	2.21	2.17	2.12	2.10	2.08	2.05	2.03	2.00	1.97

12	3.18	2.81	2.61	2.48	2.39	2.33	2.28	2.24	2.21	2.19	2.15	2.10	2.06	2.04	2.01	1.99	1.96	1.93	1.90
13	3.14	2.76	2.56	2.43	2.35	2.28	2.23	2.20	2.16	2.14	2.10	2.05	2.01	1.98	1.96	1.93	1.90	1.88	1.85
14	3.10	2.73	2.52	2.39	2.31	2.24	2.19	2.15	2.12	2.10	2.05	2.01	1.96	1.94	1.91	1.89	1.86	1.83	1.80
15	3.07	2.70	2.49	2.36	2.27	2.21	2.16	2.12	2.09	2.06	2.02	1.97	1.92	1.90	1.87	1.85	1.82	1.79	1.76
16	3.05	2.67	2.46	2.33	2.24	2.18	2.13	2.09	2.06	2.03	1.99	1.94	1.89	1.87	1.84	1.81	1.78	1.75	1.72
17	3.03	2.64	2.44	2.31	2.22	2.15	2.10	2.06	2.03	2.00	1.96	1.91	1.86	1.84	1.81	1.78	1.75	1.72	1.69
18	3.01	2.62	2.42	2.29	2.20	2.13	2.08	2.04	2.00	1.98	1.93	1.89	1.84	1.81	1.78	1.75	1.72	1.69	1.66
19	2.99	2.61	2.40	2.27	2.18	2.11	2.06	2.02	1.98	1.96	1.91	1.86	1.81	1.79	1.76	1.73	1.70	1.67	1.63
20	2.97	2.59	2.38	2.25	2.16	2.09	2.04	2.00	1.96	1.94	1.89	1.84	1.79	1.77	1.74	1.71	1.68	1.64	1.61
21	2.96	2.57	2.36	2.23	2.14	2.08	2.02	1.98	1.95	1.92	1.87	1.83	1.78	1.75	1.72	1.69	1.66	1.62	1.59
22	2.95	2.56	2.35	2.22	2.13	2.06	2.01	1.97	1.93	1.90	1.86	1.81	1.76	1.73	1.70	1.67	1.64	1.60	1.57
23	2.94	2.55	2.34	2.21	2.11	1.05	1.99	1.95	1.92	1.89	1.84	1.80	1.74	1.72	1.69	1.66	1.62	1.59	1.55
24	2.93	2.54	2.33	2.19	2.10	2.04	1.98	1.94	1.91	1.88	1.83	1.78	1.73	1.70	1.67	1.64	1.61	1.57	1.53
25	2.92	2.53	2.32	2.18	2.09	2.02	1.97	1.93	1.89	1.87	1.82	1.77	1.72	1.69	1.66	1.63	1.59	1.56	1.52
26	2.91	2.52	2.31	2.17	2.08	2.01	1.96	1.92	1.88	1.86	1.81	1.76	1.71	1.68	1.65	1.61	1.58	1.54	1.50
27	2.90	2.51	2.30	2.17	2.07	2.00	1.95	1.91	1.87	1.85	1.80	1.75	1.70	1.67	1.64	1.60	1.57	1.53	1.49
28	2.89	2.50	2.29	2.16	2.06	2.00	1.94	1.90	1.87	1.84	1.79	1.74	1.69	1.66	1.63	1.59	1.56	1.52	1.48
29	2.89	2.50	2.28	2.15	2.06	1.99	1.93	1.89	1.86	1.83	1.78	1.73	1.68	1.65	1.62	1.58	1.55	1.51	1.47
30	2.88	2.49	2.28	2.14	2.05	1.98	1.93	1.88	1.85	1.82	1.77	1.72	1.67	1.64	1.61	1.57	1.54	1.50	1.46
40	2.84	2.44	2.23	2.09	2.00	1.93	1.87	1.83	1.79	1.76	1.71	1.66	1.61	1.57	1.54	1.51	1.47	1.42	1.38
60	2.79	2.39	2.18	2.04	1.95	1.87	1.82	1.77	1.74	1.71	1.66	1.60	1.54	1.51	1.48	1.44	1.40	1.35	1.29
120	2.75	2.35	2.13	1.99	1.90	1.82	1.77	1.72	1.68	1.65	1.60	1.55	1.48	1.45	1.41	1.37	1.32	1.26	1.19
∞	2.71	2.30	2.08	1.94	1.85	1.77	1.72	1.67	1.63	1.60	1.55	1.49	1.42	1.38	1.34	1.30	1.24	1.17	1.00

续表

$\alpha=0.05$

n_2 \ n_1	1	2	3	4	5	6	7	8	9	10	12	15	20	24	30	40	60	120	∞
1	161.4	199.5	215.7	224.6	230.2	234.0	236.8	238.9	240.5	241.9	243.9	245.9	248.0	249.1	250.1	251.1	252.2	253.3	254.3
2	18.51	19.00	19.16	19.25	19.30	19.33	19.35	19.37	19.38	19.40	19.41	19.43	19.45	19.45	19.46	19.47	19.48	19.49	19.50
3	10.13	9.55	9.28	9.12	9.01	8.94	8.89	8.85	8.81	8.79	8.74	8.70	8.66	8.64	8.62	8.59	8.57	8.55	8.53
4	7.71	6.94	6.59	6.39	6.26	6.16	6.09	6.04	6.00	5.96	5.91	5.86	5.80	5.77	5.75	5.72	5.69	5.66	5.63
5	6.61	5.79	5.41	5.19	5.05	4.95	4.88	4.82	4.77	4.74	4.68	4.62	4.56	4.53	4.50	4.46	4.43	4.40	4.36
6	5.99	5.14	4.76	4.53	4.39	4.28	4.21	4.15	4.10	4.06	4.00	3.94	3.87	3.84	3.81	3.77	3.74	3.70	3.67
7	5.59	4.74	4.35	4.12	3.97	3.87	3.79	3.73	3.68	3.64	3.57	3.51	3.44	3.41	3.38	3.34	3.30	3.27	3.23
8	5.32	4.46	4.07	3.84	3.69	3.58	3.50	3.44	3.39	3.35	3.28	3.22	3.15	3.12	3.08	3.04	3.01	2.97	2.93
9	5.12	4.26	3.86	3.63	3.48	3.37	3.29	3.23	3.18	3.14	3.07	3.01	2.94	2.90	2.86	2.83	2.79	2.75	2.71
10	4.96	4.10	3.71	3.48	3.33	3.22	3.14	3.07	3.02	2.98	2.91	2.85	2.77	2.74	2.70	2.66	2.62	2.58	2.54
11	4.84	3.98	3.59	3.36	3.20	3.09	3.01	2.95	2.90	2.85	2.79	2.72	2.65	2.61	2.57	2.53	2.49	2.45	2.40
12	4.75	3.89	3.49	3.26	3.11	3.00	2.91	2.85	2.80	2.75	2.69	2.62	2.54	2.51	2.47	2.43	2.38	2.34	2.30
13	4.67	3.81	3.41	3.18	3.03	2.92	2.83	2.77	2.71	2.67	2.60	2.53	2.46	2.42	2.38	2.34	2.30	2.25	2.21
14	4.60	3.74	3.34	3.11	2.96	2.85	2.76	2.70	2.65	2.60	2.53	2.46	2.39	2.35	2.31	2.27	2.22	2.18	2.13
15	4.54	3.68	3.29	3.06	2.90	2.79	2.71	2.64	2.59	2.54	2.48	2.40	2.33	2.29	2.25	2.20	2.16	2.11	2.07

16	4.49	3.63	3.24	3.01	2.85	2.74	2.66	2.59	2.54	2.49	2.42	2.35	2.28	2.24	2.19	2.15	2.11	2.06	2.01
17	4.45	3.59	3.20	2.96	2.81	2.70	2.61	2.55	2.49	2.45	2.38	2.31	2.23	2.19	2.15	2.10	2.06	2.01	1.96
18	4.41	3.55	3.16	2.93	2.77	2.66	2.58	2.51	2.46	2.41	2.34	2.27	2.19	2.15	2.11	2.06	2.02	1.97	1.92
19	4.38	3.52	3.13	2.90	2.74	2.63	2.54	2.48	2.42	2.38	2.31	2.23	2.16	2.11	2.07	2.03	1.98	1.93	1.88
20	4.35	3.49	3.10	2.87	2.71	2.60	2.51	2.45	2.39	2.35	2.28	2.20	2.12	2.08	2.04	1.99	1.95	1.90	1.84
21	4.32	3.47	3.07	2.84	2.68	2.57	2.49	2.42	2.37	2.32	2.25	2.18	2.10	2.05	2.01	1.96	1.92	1.87	1.81
22	4.30	3.44	3.05	2.82	2.66	2.55	2.46	2.40	2.34	2.30	2.23	2.15	2.07	2.03	1.98	1.94	1.89	1.84	1.78
23	4.28	3.42	3.03	2.80	2.64	2.53	2.44	2.37	2.32	2.27	2.20	2.13	2.05	2.01	1.96	1.91	1.86	1.81	1.76
24	4.26	3.40	3.01	2.78	2.62	2.51	2.42	2.36	2.30	2.25	2.18	2.11	2.03	1.98	1.94	1.89	1.84	1.79	1.73
25	4.24	3.39	2.99	2.76	2.60	2.49	2.40	2.34	2.28	2.24	2.16	2.09	2.01	1.96	1.92	1.87	1.82	1.77	1.71
26	4.23	3.37	2.98	2.74	2.59	2.47	2.39	2.32	2.27	2.22	2.15	2.07	1.99	1.95	1.90	1.85	1.80	1.75	1.69
27	4.21	3.35	2.96	2.73	2.57	2.46	2.37	2.31	2.25	2.20	2.13	2.06	1.97	1.93	1.88	1.84	1.79	1.73	1.67
28	4.20	3.34	2.95	2.71	2.56	2.45	2.36	2.29	2.24	2.19	2.12	2.04	1.96	1.91	1.87	1.82	1.77	1.71	1.65
29	4.18	3.33	2.93	2.70	2.55	2.43	2.35	2.28	2.22	2.18	2.10	2.03	1.94	1.90	1.85	1.81	1.75	1.70	1.64
30	4.17	3.32	2.92	2.69	2.53	2.42	2.33	2.27	2.21	2.16	2.09	2.01	1.93	1.89	1.84	1.79	1.74	1.68	1.62
40	4.08	3.23	2.84	2.61	2.45	2.34	2.25	2.18	2.12	2.08	2.00	1.92	1.84	1.79	1.74	1.69	1.64	1.58	1.51
60	4.00	3.15	2.76	2.53	2.37	2.25	2.17	2.10	2.04	1.99	1.92	1.84	1.75	1.70	1.65	1.59	1.53	1.47	1.39
120	3.92	3.07	2.68	2.45	2.29	2.17	2.09	2.02	1.96	1.91	1.83	1.75	1.66	1.61	1.55	1.50	1.43	1.35	1.25
∞	3.84	3.00	2.60	2.37	2.21	2.10	2.01	1.94	1.88	1.83	1.75	1.67	1.57	1.52	1.46	1.39	1.32	1.22	1.00

续表

$\alpha=0.025$

n_2 \ n_1	1	2	3	4	5	6	7	8	9	10	12	15	20	24	30	40	60	120	∞
1	647.8	799.5	864.2	899.6	921.8	937.1	948.2	956.7	963.3	968.6	976.7	984.9	993.1	997.2	1001	1006	1010	1014	1018
2	38.51	39.00	39.17	39.25	39.30	39.33	39.36	39.37	39.39	39.40	39.41	39.43	39.45	39.46	39.46	39.47	39.48	39.49	39.50
3	17.44	16.04	15.44	15.10	14.88	14.73	14.62	14.54	14.47	14.42	14.34	14.25	14.17	14.12	14.08	14.04	13.99	13.95	13.90
4	12.22	10.65	9.98	9.60	9.36	9.20	9.07	8.98	8.90	8.84	8.75	8.66	8.56	8.51	8.46	8.41	8.36	8.31	8.26
5	10.01	8.43	7.76	7.39	7.15	6.98	6.85	6.76	6.68	6.62	6.52	6.43	6.33	6.28	6.23	6.18	6.12	6.07	6.02
6	8.81	7.26	6.60	6.23	5.99	5.82	5.70	5.60	5.52	5.46	5.37	5.27	5.17	5.12	5.07	5.01	4.96	4.90	4.85
7	8.07	6.54	5.89	5.52	5.29	5.12	4.99	4.90	4.82	4.76	4.67	4.57	4.47	4.42	4.36	4.31	4.25	4.20	4.14
8	7.57	6.06	5.42	5.05	4.82	4.65	4.53	4.43	4.36	4.30	4.20	4.10	4.00	3.95	3.89	3.84	3.78	3.73	3.67
9	7.21	5.71	5.08	4.72	4.48	4.23	4.20	4.10	4.03	3.96	3.87	3.77	3.67	3.61	3.56	3.51	3.45	3.39	3.33
10	6.94	5.46	4.83	4.47	4.24	4.07	3.95	3.85	3.78	3.72	3.62	3.52	3.42	3.37	3.31	3.26	3.20	3.14	3.08
11	6.72	5.26	4.63	4.28	4.04	3.88	3.76	3.66	3.59	3.53	3.43	3.33	3.23	3.17	3.12	3.06	3.00	2.94	2.88
12	6.55	5.10	4.47	4.12	3.89	3.73	3.61	3.51	3.44	3.37	3.28	3.18	3.07	3.02	2.96	2.91	2.85	2.79	2.72
13	6.41	4.97	4.35	4.00	3.77	3.60	3.48	3.39	3.31	3.25	3.15	3.05	2.95	2.89	2.84	2.78	2.72	2.66	2.60
14	6.30	4.86	4.24	3.89	3.66	3.50	3.38	3.29	3.21	3.15	3.05	2.95	2.84	2.79	2.73	2.67	2.61	2.55	2.49
15	6.20	4.77	4.15	3.80	3.58	3.41	3.29	3.20	3.12	3.06	2.96	2.86	2.76	2.70	2.64	2.59	2.52	2.46	2.40

16	6.12	4.69	4.08	3.73	3.50	3.34	3.22	3.12	3.05	2.99	2.89	2.79	2.68	2.63	2.57	2.51	2.45	2.38	2.32
17	6.04	4.62	4.01	3.66	3.44	3.28	3.16	3.06	2.98	2.92	2.82	2.72	2.62	2.56	2.50	2.44	2.38	2.32	2.25
18	5.98	4.56	3.95	3.61	3.38	3.22	3.10	3.01	2.93	2.87	2.77	2.67	2.56	2.50	2.44	2.38	2.32	2.26	2.19
19	5.92	4.51	3.90	3.56	3.33	3.17	3.05	2.96	2.88	2.82	2.72	2.62	2.51	2.45	2.39	2.33	2.27	2.20	2.13
20	5.87	4.46	3.86	3.51	3.29	3.13	3.01	2.91	2.84	2.77	2.68	2.57	2.46	2.41	2.35	2.29	2.22	2.16	2.09
21	5.83	4.42	3.82	3.48	3.25	3.09	2.97	2.87	2.80	2.73	2.64	2.53	2.42	2.37	2.31	2.25	2.18	2.11	2.04
22	5.79	4.38	3.78	3.44	3.22	3.05	2.93	2.84	2.76	2.70	2.60	2.50	2.39	2.33	2.27	2.21	2.14	2.08	2.00
23	5.75	4.35	3.75	3.41	3.18	3.02	2.90	2.81	2.73	2.67	2.57	2.47	2.36	2.30	2.24	2.18	2.11	2.04	1.97
24	5.72	4.32	3.72	3.38	3.15	2.99	2.87	2.78	2.70	2.64	2.54	2.44	2.33	2.27	2.21	2.15	2.08	2.01	1.94
25	5.69	4.29	3.69	3.35	3.13	2.97	2.85	2.75	2.68	2.61	2.51	2.41	2.30	2.24	2.18	2.12	2.05	1.98	1.91
26	5.66	4.27	3.67	3.33	3.10	2.94	2.82	2.73	2.65	2.59	2.49	2.39	2.28	2.22	2.16	2.09	2.03	1.95	1.88
27	5.63	4.24	3.65	3.31	3.08	2.92	2.80	2.71	2.63	2.57	2.47	2.36	2.25	2.19	2.13	2.07	2.00	1.93	1.85
28	5.61	4.22	3.63	3.29	3.06	2.90	2.78	2.69	2.61	2.55	2.45	2.34	2.23	2.17	2.11	2.05	1.98	1.91	1.83
29	5.59	4.20	3.61	3.27	3.04	2.88	2.76	2.67	2.59	2.53	2.43	2.32	2.21	2.15	2.09	2.03	1.96	1.89	1.81
30	5.57	4.18	3.59	3.25	3.03	2.87	2.75	2.65	2.57	2.51	2.41	2.31	2.20	2.14	2.07	2.01	1.94	1.87	1.79
40	5.42	4.05	3.46	3.13	2.90	2.74	2.62	2.53	2.45	2.39	2.29	2.18	2.07	2.01	1.94	1.88	1.80	1.72	1.64
60	5.29	3.93	3.34	3.01	2.79	2.63	2.51	2.41	2.33	2.27	2.17	2.06	1.94	1.88	1.82	1.74	1.67	1.58	1.48
120	5.15	3.80	3.23	2.89	2.67	2.52	2.39	2.30	2.22	2.16	2.05	1.94	1.82	1.76	1.69	1.61	1.53	1.43	1.31
∞	5.02	3.69	3.12	2.79	2.57	2.41	2.29	2.19	2.11	2.05	1.94	1.83	1.71	1.64	1.57	1.48	1.39	1.27	1.00

续表

$\alpha=0.01$

n_2 \ n_1	1	2	3	4	5	6	7	8	9	10	12	15	20	24	30	40	60	120	∞
1	4052	4999.5	5403	5625	5764	5859	5928	5982	6022	6056	6106	6157	6209	6235	6261	6287	6313	6339	6366
2	98.50	99.00	99.17	99.25	99.30	99.33	99.36	99.37	99.39	99.40	99.42	99.43	99.45	99.46	99.47	99.47	99.48	99.49	99.50
3	34.12	30.82	29.46	28.71	28.24	27.91	27.67	27.49	27.35	27.23	27.05	26.87	26.69	26.60	26.50	26.41	26.32	26.22	26.13
4	21.20	18.00	16.69	15.98	15.52	15.21	14.98	14.80	14.66	14.55	14.37	14.20	14.02	13.93	13.84	13.75	13.65	13.56	13.46
5	16.26	13.27	12.06	11.39	10.97	10.67	10.46	10.29	10.16	10.05	9.89	9.72	9.55	9.47	9.38	9.29	9.20	9.11	9.02
6	13.75	10.93	9.78	9.15	8.75	8.47	8.26	8.10	7.98	7.87	7.72	7.56	7.40	7.31	7.23	7.14	7.06	6.97	6.88
7	12.25	9.55	8.45	7.85	7.46	7.19	6.99	6.84	6.72	6.62	6.47	6.31	6.16	6.07	5.99	5.91	5.82	5.74	5.65
8	11.26	8.65	7.59	7.01	6.63	6.37	6.18	6.03	5.91	5.81	5.67	5.52	5.36	5.28	5.20	5.12	5.03	4.95	4.86
9	10.56	8.02	6.99	6.42	6.06	5.80	5.61	5.47	5.35	5.26	5.11	4.96	4.81	4.73	4.65	4.57	4.48	4.40	4.31
10	10.04	7.56	6.55	5.99	5.64	5.39	5.20	5.06	4.94	4.85	4.71	4.56	4.41	4.33	4.25	4.17	4.08	4.00	3.91
11	9.65	7.21	6.22	5.67	5.32	5.07	4.89	4.74	4.63	4.54	4.40	4.25	4.10	4.02	3.94	3.86	3.78	3.69	3.60
12	9.33	6.93	5.95	5.41	5.06	4.82	4.64	4.50	4.39	4.30	4.16	4.01	3.86	3.78	3.70	3.62	3.54	3.45	3.36
13	9.07	6.70	5.74	5.21	4.86	4.62	4.44	4.30	4.19	4.10	3.96	3.82	3.66	3.59	3.51	3.43	3.34	3.25	3.17
14	8.86	6.51	5.56	5.04	4.69	4.46	4.28	4.14	4.03	3.94	3.80	3.66	3.51	3.43	3.35	3.27	3.18	3.09	3.00
15	8.68	6.36	5.42	4.89	4.56	4.32	4.14	4.00	3.89	3.80	3.67	3.52	3.37	3.29	3.21	3.13	3.05	2.96	2.87

16	8.53	6.23	5.29	4.77	4.44	4.20	4.03	3.89	3.78	3.69	3.55	3.41	3.26	3.18	3.10	3.02	2.93	2.84	2.75
17	8.40	6.11	5.18	4.67	4.34	4.10	3.93	3.79	3.68	3.59	3.46	3.31	3.16	3.08	3.00	2.92	2.83	2.75	2.65
18	8.29	6.01	5.09	4.58	4.25	4.01	3.84	3.71	3.60	3.51	3.37	3.23	3.08	3.00	2.92	2.84	2.75	2.66	2.57
19	8.18	5.93	5.01	4.50	4.17	3.94	3.77	3.63	3.52	3.43	3.30	3.15	3.00	2.92	2.84	2.76	2.67	2.58	2.49
20	8.10	5.85	4.94	4.43	4.10	3.87	3.70	3.56	3.46	3.37	3.23	3.09	2.94	2.86	2.78	2.69	2.61	2.52	2.42
21	8.02	5.78	4.87	4.37	4.04	3.81	3.64	3.51	3.40	3.31	3.17	3.03	2.88	2.80	2.72	2.64	2.55	2.46	2.36
22	7.95	5.72	4.82	4.31	3.99	3.76	3.59	3.45	3.35	3.26	3.12	2.98	2.83	2.75	2.67	2.58	2.50	2.40	2.31
23	7.88	5.66	4.76	4.26	3.94	3.71	3.54	3.41	3.30	3.21	3.07	2.93	2.78	2.70	2.62	2.54	2.45	2.35	2.26
24	7.82	5.61	4.72	4.22	3.90	3.67	3.50	3.36	3.26	3.17	3.03	2.89	2.74	2.66	2.58	2.49	2.40	2.31	2.21
25	7.77	5.57	4.68	4.18	3.85	3.63	3.46	3.32	3.22	3.13	2.99	2.85	2.70	2.62	2.54	2.45	2.36	2.27	2.17
26	7.72	5.53	4.64	4.14	3.82	3.59	3.42	3.29	3.18	3.09	2.96	2.81	2.66	2.58	2.50	2.42	2.33	2.23	2.13
27	7.68	5.49	4.60	4.11	3.78	3.56	3.39	3.26	3.15	3.06	2.93	2.78	2.63	2.55	2.47	2.38	2.29	2.20	2.10
28	7.64	5.45	4.57	4.07	3.75	3.53	3.36	3.23	3.12	3.03	2.90	2.75	2.60	2.52	2.44	2.35	2.26	2.17	2.06
29	7.60	5.42	4.54	4.04	3.73	3.50	3.33	3.20	3.09	3.00	2.87	2.73	2.57	2.49	2.41	2.33	2.23	2.14	2.03
30	7.56	5.39	4.51	4.02	3.70	3.47	3.30	3.17	3.07	2.98	2.84	2.70	2.55	2.47	2.39	2.30	2.21	2.11	2.01
40	7.31	5.18	4.31	3.83	3.51	3.29	3.12	2.99	2.89	2.80	2.66	2.52	2.37	2.29	2.20	2.11	2.02	1.92	1.80
60	7.08	4.98	4.13	3.65	3.34	3.12	2.95	2.82	2.72	2.63	2.50	2.35	2.20	2.12	2.03	1.94	1.84	1.73	1.60
120	6.85	4.79	3.95	3.48	3.17	2.96	2.79	2.66	2.56	2.47	2.34	2.19	2.03	1.95	1.86	1.76	1.66	1.53	1.38
∞	6.63	4.61	3.78	3.32	3.02	2.80	2.64	2.51	2.41	2.32	2.18	2.04	1.88	1.79	1.70	1.59	1.47	1.32	1.00

续表

$\alpha=0.005$

n_2 \ n_1	1	2	3	4	5	6	7	8	9	10	12	15	20	24	30	40	60	120	∞
1	16211	20000	21615	22500	23056	23437	23715	23925	24091	24224	24426	24630	24836	24940	25044	25148	25253	25359	25465
2	198.5	199.0	199.2	199.2	199.3	199.3	199.4	199.4	199.4	199.4	199.4	199.4	199.4	199.5	199.5	199.5	199.5	199.5	199.5
3	55.55	49.80	47.47	46.19	45.39	44.84	44.43	44.13	43.88	43.69	43.39	43.08	42.78	42.62	42.47	42.31	42.15	41.99	41.83
4	31.33	26.28	24.26	23.15	22.46	21.97	21.62	21.35	21.14	20.97	20.70	20.44	20.17	20.03	19.89	19.75	19.61	19.47	19.32
5	22.78	18.31	16.53	15.56	14.94	14.51	14.20	13.96	13.77	13.62	13.38	13.15	12.90	12.78	12.66	12.53	12.40	12.27	12.14
6	18.63	14.54	12.92	12.03	11.46	11.07	10.79	10.57	10.39	10.25	10.03	9.81	9.59	9.47	9.36	9.24	9.12	9.00	8.88
7	16.24	12.40	10.88	10.05	9.52	9.16	8.89	8.68	8.51	8.38	8.18	7.97	7.75	7.65	7.53	7.42	7.31	7.19	7.08
8	14.69	11.04	9.60	8.81	8.30	7.95	7.69	7.50	7.34	7.21	7.01	6.81	6.61	6.50	6.40	6.29	6.18	6.06	5.95
9	13.61	10.11	8.72	7.96	7.47	7.13	6.88	6.69	6.54	6.42	6.23	6.03	5.83	5.73	5.62	5.52	5.41	5.30	5.19
10	12.83	9.43	8.08	7.34	6.87	6.54	6.30	6.12	5.97	5.85	5.66	5.47	5.27	5.17	5.07	4.97	4.86	4.75	4.64
11	12.23	8.91	7.60	6.88	6.42	6.10	5.86	5.68	5.54	5.42	5.24	5.05	4.86	4.76	4.65	4.55	4.44	4.34	4.23
12	11.75	8.51	7.23	6.52	6.07	5.76	5.52	5.35	5.20	5.09	4.91	4.72	4.53	4.43	4.33	4.23	4.12	4.01	3.90
13	11.37	8.19	6.93	6.23	5.79	5.48	5.25	5.08	4.94	4.82	4.64	4.46	4.27	4.17	4.07	3.97	3.87	3.76	3.65
14	11.06	7.92	6.68	6.00	5.56	5.26	5.03	4.86	4.72	4.60	4.43	4.25	4.06	3.96	3.86	3.76	3.66	3.55	3.44
15	10.80	7.70	6.48	5.80	5.37	5.07	4.85	4.67	4.54	4.42	4.25	4.07	3.88	3.79	3.69	3.58	3.48	3.37	3.26

16	10.58	7.51	6.30	5.64	5.21	4.91	4.69	4.52	4.38	4.27	4.10	3.92	3.73	3.64	3.54	3.44	3.33	3.22	3.11
17	10.38	7.35	6.16	5.50	5.07	4.78	4.56	4.39	4.25	4.14	3.97	3.79	3.61	3.51	3.41	3.31	3.21	3.10	2.98
18	10.22	7.21	6.03	5.37	4.96	4.66	4.44	4.28	4.14	4.03	3.86	3.68	3.50	3.40	3.30	3.20	3.10	2.99	2.87
19	10.07	7.09	5.92	5.27	4.85	4.56	4.34	4.18	4.04	3.93	3.76	3.59	3.40	3.31	3.21	3.11	3.00	2.89	2.78
20	9.94	6.99	5.82	5.17	4.76	4.47	4.26	4.09	3.96	3.85	3.68	3.50	3.32	3.22	3.12	3.02	2.92	2.81	2.69
21	9.83	6.89	5.73	5.09	4.68	4.39	4.18	4.01	3.88	3.77	3.60	3.43	3.24	3.15	3.05	2.95	2.84	2.73	2.61
22	9.73	6.81	5.65	5.02	4.61	4.32	4.11	3.94	3.81	3.70	3.54	3.36	3.18	3.08	2.98	2.88	2.77	2.66	2.55
23	9.63	6.73	5.58	4.95	4.54	4.26	4.05	3.88	3.75	3.64	3.47	3.30	3.12	3.02	2.92	2.82	2.71	2.60	2.48
24	9.55	6.66	5.52	4.89	4.49	4.20	3.99	3.83	3.69	3.59	3.42	3.25	3.06	2.97	2.87	2.77	2.66	2.55	2.43
25	9.48	6.60	5.46	4.84	4.43	4.15	3.94	3.78	3.64	3.54	3.37	3.20	3.01	2.92	2.82	2.72	2.61	2.50	2.38
26	9.41	6.54	5.41	4.79	4.38	4.10	3.89	3.73	3.60	3.49	3.33	3.15	2.97	2.87	2.77	2.67	2.56	2.45	2.33
27	9.34	6.49	5.36	4.74	4.34	4.06	3.85	3.69	3.56	3.45	3.28	3.11	2.93	2.83	2.73	2.63	2.52	2.41	2.29
28	9.28	6.44	5.32	4.70	4.30	4.02	3.81	3.65	3.52	3.41	3.25	3.07	2.89	2.79	2.69	2.59	2.48	2.37	2.25
29	9.23	6.40	5.28	4.66	4.26	3.98	3.77	3.61	3.48	3.38	3.21	3.04	2.86	2.76	2.66	2.56	2.45	2.33	2.21
30	9.18	6.35	5.24	4.62	4.23	3.95	3.74	3.58	3.45	3.34	3.18	3.01	2.82	2.73	2.63	2.52	2.42	2.30	2.18
40	8.83	6.07	4.98	4.37	3.99	3.71	3.51	3.35	3.22	3.12	2.95	2.78	2.60	2.50	2.40	2.30	2.18	2.06	1.93
60	8.49	5.79	4.73	4.14	3.76	3.49	3.29	3.13	3.01	2.90	2.74	2.57	2.39	2.29	2.19	2.08	1.96	1.83	1.69
120	8.18	5.54	4.50	3.92	3.55	3.28	3.09	2.93	2.81	2.71	2.54	2.37	2.19	2.09	1.98	1.87	1.75	1.61	1.43
∞	7.88	5.30	4.28	3.72	3.35	3.09	2.90	2.74	2.62	2.52	2.36	2.19	2.00	1.90	1.79	1.67	1.53	1.36	1.00

参 考 文 献

[1] 盛骤，谢式千，潘承毅．概率论与数理统计．北京：高等教育出版社，2001.

[2] 马江洪．概率统计教程．北京：科学出版社，2005.

[3] 崔文善，邵新慧，黄已立．概率论与数理统计．沈阳：东北大学出版社，2006.

[4] 韩旭里，谢永钦．概率论与数理统计．上海：复旦大学出版社，2006.

[5] 吴赣昌．概率论与数理统计．北京：中国人民大学出版社，2006.

[6] 马双林，马维军，郝立柱，姜春艳．概率论与数理统计．北京：科学出版社，2007.

[7] 杨荣，郑文瑞，王本玉．概率论与数理统计．北京：清华大学出版社，2005.

[8] 赵彦晖，杨金林．概率统计．北京：科学出版社，2006.

[9] 王勇，田波平．概率论与数理统计．北京：科学出版社，2005.

[10] 陈萍，李文，张正军，金忠．概率统计．北京：科学出版社，2002.

[11] 高玉斌．概率统计．北京：科学出版社，2004.

[12] 张丽娜，李春兰．概率统计教程．北京：科学出版社，2006.